北方民族大学中央高校基本科研业务费专项资金资助

中国茶文化丛书

中国茶事

通论

勉卫忠 著

中国农业出版社

北 京

图书在版编目（CIP）数据

中国茶事通论 / 勉卫忠著. —北京：中国农业出
版社，2022.9
（中国茶文化丛书）
ISBN 978-7-109-29433-2

Ⅰ.①中⋯　Ⅱ.①勉⋯　Ⅲ.①茶文化－中国　Ⅳ.
①TS971.21

中国版本图书馆CIP数据核字（2022）第084926号

中国茶事通论
ZHONGGUO CHA SHI TONGLUN

中国农业出版社出版
地址：北京市朝阳区麦子店街18号楼
邮编：100125
责任编辑：姚　佳
版式设计：杨　婧　　责任校对：沙凯霖
印刷：北京通州皇家印刷厂
版次：2022年9月第1版
印次：2022年9月北京第1次印刷
发行：新华书店北京发行所
开本：700mm×1000mm　1/16
印张：14
字数：236千字
定价：98.00元

总序
TOTAL ORDER

　　茶文化是中国传统文化中的一束奇葩。改革开放以来，随着我国经济的发展，社会生活水平的提高，国内外文化交流的活跃，有着悠久历史的中国茶文化重放异彩。这是中国茶文化的又一次出发。2003年，由中国农业出版社出版的《中国茶文化丛书》可谓应运而生，该丛书出版以来，受到茶文化事业工作者与广大读者的欢迎，并多次重印，为茶文化的研究、普及起到了积极的推动作用，具有较高的社会价值和学术价值。茶文化丰富多彩，博大精深，且能与时俱进。为了适应现代茶文化的快速发展，传承和弘扬中华优秀传统文化，应众多读者的要求，中国农业出版社决定进一步充实、丰富《中国茶文化丛书》，对其进行完善和丰富，力求在广度、深度和精度上有所超越。

　　茶文化是一种物质与精神双重存在的复合文化，涉及现代茶业经济和贸易制度，各国、各地、各民族的饮茶习俗、品饮历史，以品饮艺术为核心的价值观念、审美情趣和文学艺术，茶与宗教、哲学、美学、社会学，茶学史，茶学教育，茶叶生产及制作过程中的技艺，以及饮茶所涉及的器物和建筑等。该丛书在已出版图书的基础上，系统梳理，查缺补漏，修订完善，填补空白。内容大体包括：陆羽《茶经》研究、中国近代茶叶贸易、茶叶质量鉴别与消费指南、饮茶健康之道、茶文化庄园、茶文化旅游、茶席艺术、大唐宫廷茶具文化、解读潮州工夫茶等。丛书内容力求既有理论价值，又有实用价值；既追求学术品位，又做到通俗易懂，满足作者多样化需求。

　　一片小小的茶叶，影响着世界。历史上从中国始发的丝绸之路、瓷器之路，还有茶叶之路，它们都是连接世界的商贸之路、文明之路。正是这种海陆并进、纵横交错的物质与文化交流，牵连起中国与世界的交往与友谊，使茶和咖啡、可可成为世界三大无酒精饮料，茶成为世界消费量仅次于水的第二大饮品。而随之而生的日本茶道、韩国茶礼、英国下午茶、俄罗斯茶俗等的形成与发展，都是接受中华文明的例证。如今，随着时代的变迁、社会的进步、科技的发展，人们对茶的天然、营养、保健和药效功能有了更深更广的了解，茶的利用已进入到保健、食品、旅游、医药、化妆、轻工、服装、饲料等多种行业，使饮茶朝着吃茶、用茶、玩茶等多角度、全方位方向发展。

习近平总书记曾指出：一个国家、一个民族的强盛，总是以文化兴盛为支撑的。没有文明的继承和发展，没有文化的弘扬和繁荣，就没有中国梦的实现。中华民族创造了源远流长的中华文化，也一定能够创造出中华文化新的辉煌。要坚持走中国特色社会主义文化发展道路，弘扬社会主义先进文化，推动社会主义文化大发展大繁荣，不断丰富人民精神世界，增强精神力量，努力建设社会主义文化强国。中华优秀传统文化是习近平总书记十八大以来治国理念的重要来源。中国是茶的故乡，茶文化孕育在中国传统文化的基本精神中，实为中华民族精神的组成部分，是中国传统文化中不可或缺的内容之一，有其厚德载物、和谐美好、仁义礼智、天人协调的特质。可以说，中国文化的基本人文要素都较为完好地保存在茶文化之中。所以，研究茶文化、丰富茶文化，就成为继承和发扬中华传统文化的题中应有之义。

当前，中华文化正面临着对内振兴、发展，对外介绍、交流的双重机遇。相信该丛书的修订出版，必将推动茶文化的传承保护、茶产业的转型升级，提升茶文化特色小镇建设和茶旅游水平；同时对增进世界人民对中国茶及茶文化的了解，发展中国与各国的

友好关系，推动"一带一路"建设将会起到积极的作用，有利于扩大中国茶及茶文化在世界的影响力，树立中国茶产业、茶文化的大国和强国风采。

姚国坤

2017年6月

中国茶文化从20世纪80年代开始复兴，到21世纪初形成较为完善的茶文化学科，对于这样一种有数千年璀璨历史的文化资源而言，亟待大家努力来完善、提升，从而肩负起中国茶文化复兴的伟大使命。

　　勉卫忠教授的《中国茶事通论》（以下简称《通论》）出版，无疑是当代中国茶文化这一学科研究和复兴的重要收获之一。该书由浅及深地带领读者进入一个较为完整的茶事生活世界，希望通过对本书的阅读，能够使读者了解全面的茶知识，领略悠久的茶文化，历练精湛的泡茶技艺，引导全民健康饮茶与修身养性，让茶事生活覆盖全民，普及推广茶文化，提高国民审美情趣，促进社会素质教育，使我们的生活更美好。

　　至今，关于茶文化书籍不断问世，呈现出百花齐放、百家争鸣的局面，各有特色、优点，然而《通论》把茶文化视为中国公民生活方式的茶事生活进行论述，实属体例创新。

　　《通论》章节设计自成体系，是作者长期在茶文化教学，更多的是在喝茶实践过程中不断思考、逐步调整的结果，撰写过程中始终牢记自己就是一个普通的喝茶之人，不断思考如何让一个茶文化门外汉对茶产生兴趣，并能很快了解并积累中国茶事生活的基础知识，教给他们喝茶的技艺，爱上中国的茶事生活。另外，本书在前人所著茶书的基础上，图文并茂、充实延展，插入了大量与茶相关的图片，在讲述茶知识的同时，又让读者对茶的具体形态有清晰的了解。全书力求内容翔实、语言精练，集学术性与科普性于一体。

　　勉教授出生于青海西宁，那里不产茶，但自古家家喝茶，他从小就受到家庭茶生活的影响，与茶结下了不解之缘。1997年，他在北京中央民族大学历史文化学院读书，其间到北京马连道茶叶市场勤工俭学，开始接触茶文化，并发表茶文化的散文随笔，之后在读硕士、博士期间，结合自身学科特点撰写的茶文化论文陆续发表，引起我和茶文化界的关注。

2009年勉卫忠博士毕业，自愿回到家乡，在青海师范大学人文学院教书，其间他积极参加茶文化学术会议，深入茶区调研，努力践行"品茶品味品人生"与"清茶一杯，手捧一卷，操持雅好，神游物外"的境界，引导全民健康饮茶与修身养性，构建社会主义文化强国的精神，弘扬中华文化，构建青海师范大学和谐校园，在青海师范大学开设茶文化课，开展茶文化研究工作，就中国茶事历史、茶叶分类、茶具、泡茶的技艺文化等茶学内容进行讲授。通过传授茶文化，让青年人更多地了解传统文化的魅力，增长见识、开阔视野。讲授茶文化能配合高雅文化进高校，繁荣校园文化，提高大学生综合素质，也为他们增加一种技能。他还组织学生成立茶文化学会，指导学生编《青藏茶报》，至今已有数百名学生考取从业资格证书。

2011年起，勉教授发动甘宁青不产茶地区的茶友立志于中国茶文化的传播，提出中华茶友的概念，提倡"中国式雅致生活"，创刊并主编《中华茶友》报，搭建"茶通八雅"的文艺平台（琴、棋、书、画、诗、香、花、茶），对拓展艺术发展空间、提升艺术品位、弘扬与繁荣艺术起到促进作用。诸如，河湟茶文化学术研讨会、茶文化最美黄河行、茶文化进学校、茶香梅韵等大型茶文化活动的举办，得到了多家媒体的关注，并通过传播茶文化宣传了大美青海，具有一定的社会影响力。

2019年5月至今，他为北方民族大学特聘教授，鉴于弘扬中华茶文化对高校精神文化的建设具有重要的意义，开设了中国茶文化课程，为了便于教学、科研与学生创业活动，申请了北方民族大学中国茶文化研究与教学科研平台，组织开展茶文化研究、讲座和教学活动，配合其他校园文化活动，师生共同营造出一种有利于身心健康的环境，使中华茶文化的美好与清香长久地飘散在象牙塔中，传承中华优秀传统文化鲜活名片——茶文化，丰富校园文化，在茶事活动中促进民族团结进步，提高自身传统文化修养，铸牢中华民族共同体意识。

勉教授致力于在西北不产茶地区的茶文化研究、传播和实践，是这个领域的翘楚。如今，他将自己在茶文化教学与茶文化传播实践中的研究心得与实践知识加以梳理，完成的《通论》在普及全民饮茶、爱上茶事生活上具有重要意义，实在难能可贵，可喜可贺！

茶文化是有数千年璀璨历史的文化资源，但茶文化作为一门学科还是年轻的，亟待大家的努力来完善、提升，从而肩负起中国茶文化复兴的伟大使命。勉教授的这部《通论》，有理论、有实践，且文笔流畅，叙事条分缕析，内容超越时空，实是一本融知识性、思辨性和功能性相结合的倾心之作。在此，我不但为《通论》问世而喝彩，而且也为勉教授所做出的举措而鼓掌！

是为序。

姚国坤

2022年4月8日

姚国坤：中国农业科学院茶叶研究所研究员、中国国际茶文化研究会学术委员会副主任、世界茶文化学术研究会（日本注册）副会长、国际名茶协会（美国注册）专家委员会委员。曾以专家身份帮助多个亚非国家构建茶叶生产体系，多次去美国、日本、韩国等10余个国家讲学，是中华杰出茶人终身成就奖获得者。

目录
CONTENTS

总序
序

绪论 / 1

　　一、选题意义 / 1

　　二、相关研究回顾及创新 / 2

　　三、研究思路与方法 / 6

第一章　茶事生活的发展与文化 / 8

　第一节　茶树起源与利用 / 9

　第二节　茶事生活的起源与传承 / 11

　　一、巴蜀起源从药用到食用阶段 / 11

　　二、少量种植供宫廷贵族饮用阶段 / 12

　　三、成为普通饮料进入民间 / 13

　　四、嗜茶成俗大发展阶段 / 14

　　五、近代的衰落阶段 / 20

　　六、新中国茶事的兴盛 / 20

第二章　国人共享的茶事生活 / 22

　第一节　国人爱茶事生活的原因 / 22

　　一、茶是中国的国粹 / 22

　　二、茶是人际关系的润滑剂 / 23

　　三、习茶是中国人内涵情怀的体现 / 25

　　四、饮茶是一种保健方式 / 26

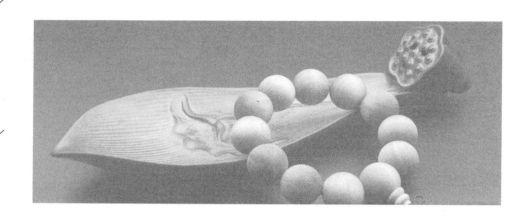

第二节　中华民族共享的茶事生活 / 28

　　一、生活的茶 / 28

　　二、享受的茶 / 35

　　三、境界的茶 / 46

第三章　生命周期的茶文化传承与构建 / 50

第一节　0～35岁：茶式教养与茶结良缘 / 50

　　一、茶式教养（0～10岁）/ 50

　　二、茶式成人（11～18岁）/ 52

　　三、茶结良缘（19～35岁）/ 53

第二节　36～59岁：品茶品味品人生 / 55

　　一、个人修养 / 55

　　二、人际网络 / 56

　　三、社会角色 / 57

　　四、文化认同 / 57

　　五、茶道养生 / 58

第三节　延寿与来世（60岁以上）/ 59

　　一、寿诞 / 59

　　二、丧俗 / 60

第四章　当代中国名优茶识别与鉴赏文化 / 62

　第一节　名优绿茶的识别与鉴赏 / 62

　　一、绿茶的工艺 / 62

　　二、绿茶的分类 / 63

　　三、名优绿茶鉴赏 / 64

　第二节　名优红茶的识别与鉴赏 / 72

　　一、红茶的工艺 / 72

　　二、红茶的分类 / 73

　　三、名优红茶鉴赏 / 73

　第三节　名优青茶的识别与鉴赏 / 78

　　一、青茶的工艺 / 78

　　二、青茶的分类 / 79

　　三、名优青茶鉴赏 / 79

　第四节　名优黑茶的识别与鉴赏 / 90

　　一、黑茶的工艺 / 90

　　二、黑茶的分类 / 91

　　三、名优黑茶鉴赏 / 91

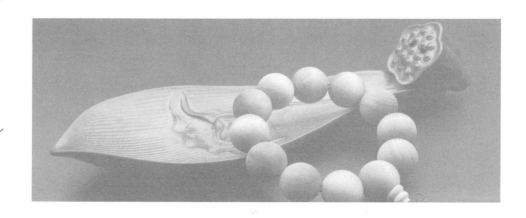

第五节　名优黄茶的识别与鉴赏 / 116

一、黄茶的工艺 / 117

二、黄茶的分类 / 117

三、名优黄茶鉴赏 / 117

第六节　名优白茶的识别与鉴赏 / 120

一、白茶的工艺 / 120

二、白茶的分类 / 121

三、名优白茶鉴赏 / 121

第五章　茶事生活之茶器美学 / 129

第一节　紫砂壶的基础美学 / 129

一、紫砂壶的选购 / 129

二、紫砂壶的保养 / 130

三、紫砂壶基本泥料 / 131

四、紫砂壶的基本器型 / 136

第二节　铁银壶的养护文化 / 138

一、铁壶的选购和养护 / 138

二、银壶的保养和护理 / 140

第三节　碗与盏的使用之美 / 141

一、盖碗的使用细节 / 141

二、建盏之美 / 143

第四节　茶宠 / 145

一、茶宠的寓意 / 145

二、茶宠的挑选与讲究 / 147

三、茶宠养护 / 147

第六章　茶事生活之泡饮科学与表达 / 149

第一节　泡茶技艺诸要素 / 149

一、择水与水温 / 149

二、翻叶底 / 153

三、干泡法 / 153

四、洗茶 / 155

五、醒茶 / 156

第二节　科学饮茶 / 158

一、饮茶科学 / 158

二、饮茶温度 / 161

三、不同体质的饮茶法 / 162

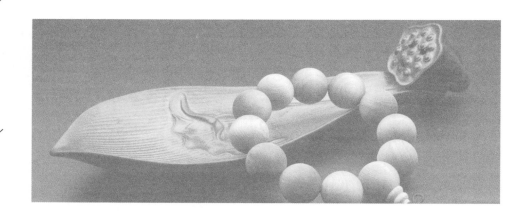

第三节　茶事生活的表达 / 165

　　一、品茶术语 / 165

　　二、品茗术语 / 169

　　三、茶香辨闻 / 171

　　四、品茶修身 / 174

第七章　茶室的空间美学 / 180

　第一节　茶室空间的选址 / 180

　第二节　茶室空间的布置 / 182

　　一、茶桌与坐具材质的选择 / 182

　　二、装饰物的妙用与格调的呈现 / 183

　　三、灯具的运用与意境的搭建 / 184

　第三节　茶室茶席的设置 / 184

　　一、茶席的空间设计 / 184

　　二、茶席设计的色彩 / 185

　　三、定员的茶席设计 / 186

　　四、茶席设计中的插花选择 / 188

　　五、茶席设计中的主体气氛 / 189

第四节　茶室挂画与经典茶乐 / 190

　　一、茶室挂画 / 190

　　二、经典茶乐 / 192

附录　经典茶诗与自选茶诗 / 193

参考文献 / 200

后记 / 202

绪 论

一、选题意义

首先，本书由浅及深地带领读者们进入一个较为完整的茶生活世界，希望通过对本书的阅读，能够全面地了解茶知识，领略悠久的茶文化，历练精湛的泡茶技艺，引导全民健康饮茶与修身养性，普及推广全民的茶事生活，提高国民审美情趣，促进社会主义公民素质教育，茶让我们的生活更美好。在茶事活动中促进民族团结进步，铸牢中华民族共同体意识。

其次，茶文化是中国文化自信的名片。茶的发现和利用，在中国已有几千年历史，且长盛不衰。今天，茶作为一种天然的绿色保健饮料，成了世界各族人民生活的必需品，茶是人类社会的血液，是超乎国家、民族、宗教、信仰、语言、人种、性别、年龄等界限的全人类的良知和财富。茶文化是中华民族优秀传统文化的重要组成部分，茶文化是中国文化发展的见证和承载，是中华民族的文化瑰宝。近年来国家主席习近平将其推向了崇高境界，成为最具中国文化自信的世界名片之一，茶事活动弘扬了中国传统文化，倡导了文化自信，践行了习主席"品茶品味品人生"与"清茶一杯，手捧一卷，操持雅好，神游物外"的境界，为茶文化在文化产业发展中注入了强大的精神支持动力，在社会经济的发展和各民族人民日常生活中发挥着重要作用。

最后，有利于传承和发展我国传统文化，推动传统茶道精神的继承和发展。学习和普及茶文化推广全民的茶事生活有着重要的社会意义，可以进一步增强对中国茶文化的了解和认识，尤其是在全民建设小康社会和构建和谐社会的背景下，将中国传统茶文化与时代发展结合起来，既能继承传统茶文化的茶道精神，又能结合时代特点进一步发展茶道精神，赋予其新时代的特征，扩大茶文化的影响，在中国经济、社会、文化传播和国际交流中发挥了重要的作用。

人到中年，与茶为伴。这个年龄段的男士一般普遍喜欢口感更为丰富的黑茶、青茶、红茶和白茶，以黑茶的普洱茶和安化黑茶、青茶的武夷岩茶、红茶的正山小种等为主。这些茶不仅口感好，层次丰富，更为重要的是有降脂减肥、助消化、利尿、解酒、降血压、降血糖等功效，如黑茶中的茶氨酸能起到抑制血压升高的作用，同时黑茶中的生物碱和类黄酮物质有使血管壁松弛、增加血管的有效直径的效用，通过血管舒张使血压下降。糖尿病是现代中老年人健康杀手之一，黑茶中有较多的茶多糖，对降血糖有明显效果，其作用类似胰岛素。而女士更喜欢绿茶、花茶（如菊花茶、玫瑰花茶、茉莉花茶），除了口感清香、淡雅外，女士同样更看重茶的抗衰老保健功能。受新冠肺炎疫情影响，大家普遍喜欢喝老白茶加陈皮，配以红枣、枸杞、红糖等，不仅有助于改善气血、美容养颜，还能清肺抗病毒，白茶因其养生保健功效被中年人争相追捧。

二、相关研究回顾及创新

（一）国内外研究现状

中国的茶事现象早在唐代已普及，但把茶事生活作为"文化"研究是当代的事，20世纪80年代初，"茶文化"新名词在中国海峡两岸先后出现，1978年吴智和首先撰著《茶的文化》，接着1984年，庄晚芳在论文《中国茶文化的传播》（《中国农史》，1984年第2期）中，最早使用"茶文化"一词。陈椽在《茶业通史》（农业出版社，1984年）中列"茶与文化"首章。

从20世纪90年代开始，茶学界对茶的文化、茶与文化、茶叶文化、茶艺文化、饮茶文化等研究如雨后春笋，"茶文化"研究已成潮流。1991年，王冰泉、余悦主编的《茶文化论》（文化艺术出版社）出版，对构建中国茶文化学的理论体系进行了深入探讨。同年，姚国坤、王存礼、程启坤编著的《中国茶文化》（上海文化出版社）出版，这是中国第一本以"中国茶文化"为名称的著作；由江西省社会科学院主办、陈文华主编的《农业考古》杂志推出"中国茶文化专号"，在第1辑上，发表了陈香白的《中国茶文化纲要》等一批有分量的学术论文。

此后，以高校和科研系统为主体的一批茶文化研究者，通过论文、著作对茶文化的概念进一步阐释。如陈文华《中国茶文化基础知识》（中国农业出版社，1999年）、黄志根主编《中华茶文化》（浙江大学出版社，1999年）、刘勤晋主编《茶文化学》（中国农业出版社，2000年）、姚国坤《茶文化概论》（浙江摄影出版社，2004年）、王玲《中国茶文化》（中国书店，1992年）、于观亭《茶文化漫谈》（中国农业出版社，2003年）、陈文华《长江流域茶文化》（湖北教育出版社，2004年）和《中国茶文化学》（中国农业出版社，2006年），刘勤晋主编《茶文化学（第二版）》（中国农业出版社，2007年）等为茶文化学科建设添砖加瓦；阮浩耕、梅重主编《中国茶文化丛书》（浙江摄影出版社，1995年），余悦主编《中华茶文化丛书》（光明日报出版社，1999年）和《茶文化博览丛书》（中央民族大学出版社，2002年），阮浩耕、董春晓主编《人在草木中丛书》（浙江摄影出版社，2003年），对茶文化多方面进行专题研究。此外还出版了许多单本的专题性茶文化研究著作，发表了大量的茶文化研究论文。到2019年，姚国坤《中国茶文化学》（中国农业出版社，2019年）出版总结了茶文化学就是人类在发展、生产、利用茶的过程中，以茶为载体，在研究茶的起源、演变、传播、结构、功能与本质的同时，表达人与自然、人与社会、人与人，以及人与自我之间产生的各种理念、信仰、思想感情、意识形态的一门综合性学科。

这些成果，为茶文化学科的确立奠定了基础。

在中国茶文化研究中，中国茶史研究起步最早，目前已成为中国茶文化研究中的热门。茶史研究最早也是最重要的成果是陈椽《茶业通史》（农业出版社，1984年）。《茶业通史》是世界上第一部茶学通史著作，书中对茶叶科技、茶叶经贸、茶文化作了全面论述，是一部体大思精之著，是构建茶史学科的奠基之著。其后，庄晚芳的《中国茶史散论》（科学出版社，1988年）从茶的发展史、饮用史等来论证茶的发源地，并着重论述了茶的栽制技术的演变以及茶叶科学研究的进展等，具有较高的学术价值。朱自振的《茶史初探》（农业出版社，1977年），论述了茶之纪元、茶文化的摇篮、秦汉和六朝茶业、称兴称盛的唐代茶业、宋元茶业的发展和变革、我国传统茶业的由盛转衰、清末民初我国茶叶科学技术向近代转化、抗战前后我国茶叶科技的艰难发展，为茶史学科建设做出了重要贡献。关剑平的《茶与中国文化》（人民出版社，2001年）选择中国茶史研究薄弱的时期——魏晋南北朝迄初唐时期入手，从文化史角度阐明当时饮茶习俗的发展状况以及饮茶习俗形成的社会文化基础，特别是饮茶习俗产生的原因、茶文化在中国酝酿的过程，对汉魏六朝茶史作了深入的考证和研究。陈文华的《长江流域茶文化》、滕军的《中日茶文化交流史》（东方出版中心，2003年）对中国茶文化向日本的传播历程作了细致的研究。夏涛主编的《中华茶史》（安徽教育出版社，2008年），全面、系统地论述了的上下五千年的中华茶史，对先秦、汉魏六朝、唐五代、宋元、明清、现代各个时期的中华茶叶科技、茶叶经贸、茶文化和茶的传播进行了深入浅出的阐述。郭孟良的《中国茶史》（山西古籍出版社，2000年）是一部简明的中国茶史读本；中华茶人联谊会编辑的《中国茶叶五千年》（人民出版社，2001年）是第一部编年体的中国茶史著作，对近现代茶界大事记载尤详；由朱自振撰写的《中国茶文化史》（文津出版社，1995年）是第一部中国茶文化史；余悦的《茶路历程——中国茶文化流变简史》（光明日报出版社，1999年）是一部简明的中国茶文化史著作；陶德臣等的《中国茶叶商品经济研究》（军事谊文出版社，1999年）论述了中国茶叶商品经济发展的历程。

茶艺是茶事生活最直观的表现形式，是茶文化的基础。茶艺的当代复兴与研究始于20世纪80年代的中国台湾，代表人物有蔡荣章、林瑞萱、范增平、吴智和、张宏庸、周渝等人，致力于茶艺、茶道研究和实践。蔡荣章和林瑞萱自1980年以来长期致力于现代茶艺的理论研究和实践，主持坐忘谷茶道室。蔡荣章著有《现代茶艺》（中视文化出版，1989年）、《茶道教室》（天下远见出版股份有限公司，2002年）、《茶道基础篇》（武陵出版有限公司，2003年）、《说茶之陆羽茶道》（燕山出版社，2005年）、《茶道入门三篇》（中华书局，2006年）等，林瑞萱著有《中日韩英茶道》（中华书局，2008年）等，合著有《现代茶思想集》（中华国际无我茶会推广协会，2000年）等。蔡荣章、林瑞萱夫妇为现代茶艺、茶道的理论和实践做出重要贡献。范增平出版了《台湾茶文化论》（碧山岩出版社，1992年）、《茶艺学》（万卷楼图书有限公司，2000年修订版）、《台湾茶艺观》（万卷楼图书有限公司，2003年）等，吴智和出版了《中国茶艺论丛》（大立出版社，1985年）、《中国茶艺》（正中书局，1989年）等，张宏庸出版了《茶艺》（幼狮文化事业公司，1987年）、《台湾传统茶艺文化》（汉光文化事业股份有限公司，1999年）等。

在中国大陆，在茶艺理论和实践的探索上有突出成就的有童启庆、陈文华、余悦、林治、乔木森、马守仁、周文棠、陈香白、丁文、朱红缨、袁勤迹、刘莳等。童启庆出版了《习茶》（浙江摄影出版社，1996年）、《生活茶艺》（金盾出版社，2000年）、《影像中国茶道》（浙江摄影出版社，2002年），为现代茶艺、茶道提供了范式。陈文华在《中华茶文化基础知识》《长江流域茶文化》《中国茶文化学》等著作中，对茶艺、茶道概念和特征、精神作了精要的阐释，并指出当前茶艺编创和表演中所存在的一些误区。余悦在《中国茶韵》（中央民族大学出版社，2002年）中对茶艺、茶道概念、茶道与儒释道的关系等作了精要的阐释，进一步阐释了茶艺美学、茶道精神。林治的《中国茶艺》（中华工商联合出版社，2000年）、《中国茶道》（中华工商联合出版社，2000年）、《中华茶艺集锦》（中国人口出版社，2004年）、《茶道养生》（世界图书出版公司，2006年）对各类茶的冲泡技艺、茶艺六要素美的赏析、茶艺美学基础、茶道精神、茶道养生等进行了有益的探索。马守仁（马嘉善）出版《无风荷动——静参中国茶道之韵》（北京大学出版社，2008年），揭示茶艺美学的形式美、动作美、结构美、环境美、神韵美五个特征和茶道美学的大雅、大美、大悲、大用四个特征。乔木森的《茶席设计》（上海文化出版社，2005年）、周新华的《茶席设计》（浙江大学出版社，2016年），对茶席设计的基本构成因素、一般结构方式、题材及表现方法、技巧等进行了有益的探索。周文棠在《茶道》（浙江大学出版社，2003年）中对茶道的类型、形式进行探究。丁以寿主编《中华茶道》（安徽教育出版社，2007年）、《中华茶艺》（安徽教育出版社，2008年），对中国茶道发展的历史轨迹、中国茶艺的类型及其演变作了梳理。

至今，关于茶文化的书籍不断问世，呈现出百花齐放、百家争鸣的局面，各有特色、优点，也有不足、缺憾，以生活方式为视角的茶事生活研究，目前茶学界未有涉及。

（二）本书特点

体例创新，本书章节设计自成体系，是本人长期在茶文化教学，更多的是在喝茶田野实践过程中不断思考，逐步调整避重就轻的结果，撰写过程中始终牢记自己就是一个普通的喝茶之人，不断思考如何让一个茶文化门外汉对茶产生兴趣，并能很快了解并积累茶文化基础知识，教给他们喝茶的技艺，爱上茶生活，让生活更加美好。

另外，本书在前人茶书基础上，图文并茂、贴心延展，插入了大量与茶相关的图片，在讲述茶知识的同时，又让读者对茶的具体形态有清晰的了解。本书力求内容翔实、语言精练，集学术性与科普性于一体。精讲的同时，为读者补充了许多必要的提示点，使内容更加完整。

三、研究思路与方法

（一）研究思路

概括起来，根据我们对中国茶文化的综合考察和对茶事生活先后程序的认识，本课题分七章展开：

第一章为茶事生活的发展与文化，下分两节。此章主要交代茶树起源与利用，中国茶事生活起源与传承，从巴蜀起源从药用到食用阶段梳理到近代的衰落阶段，到新中国茶事的兴盛。

第二章为国人共享的茶事生活，分两节内容。第一节交代国人爱茶事生活的原因，第二节论述中华民族共享的多彩茶事生活。

第三章为生命周期的茶文化传承与构建，第一节为茶式教养与茶结良缘，第二节为品茶品味品人生，第三节为延寿与来世。

第四章为当代中国名优茶识别与鉴赏文化，分六节，对当代名优茶的识别与鉴赏和文化内涵做了新的调查与梳理。

第五章为茶事生活之茶器美学，有了好茶，就要备好具，下分四节，第一节、第二节、第三节分别对紫砂壶的基础美学、铁壶和银壶的护养文化和盖碗的使用细节和建盏之美进行了仔细的讲解，第四节对茶宠的寓意与养护做了专题说明。

第六章为茶事生活之泡饮科学与表达，分三节内容，第一节对泡茶技艺要素，如择水、洗茶、醒茶、翻叶底、干泡法等问题进行了解读。第二节科学饮茶，会泡茶也要会饮茶，科学饮茶、饮茶温度、不同体质的饮茶法。第三节为茶事生活的表达，有品茶术语、品茗术语、茶香辨闻、品茶修身。

第七章为茶室的空间美学，喝茶还要有好的环境，第一节茶室空间的选址，第二节茶室空间的布置，第三节茶室茶席设置，第四节茶室挂画与经典茶乐。

附录：经典茶诗与自选茶诗。

（二）撰写方法

在撰写方法上，运用第一手资料，特别注重发掘、利用近期专家学者的相关研究成果。同时，还运用社会学田野调查方法，记录民间茶人实践口述资料，在茶艺的理论和实践的探索上以期对文献资料进行印证，力图使整体的宏观研究和具体、细致的个案研究相结合。因此，本课题是运用文献学、历史学和社会学的方法为基本研究方法，涉及经济学、统计学、民族学、宗教学、人类学等多学科研究方法和理论的综合研究。

第一章
茶事生活的发展与文化

茶之为饮，发乎神农氏，闻于鲁周公，齐有晏婴，汉有扬雄、司马相如，吴有韦曜，晋有刘琨、张载、远祖纳、谢安、左思之徒，皆饮焉。

——（唐）陆羽《茶经》

茶及茶文化都源于中国，茶的发现和利用，在中国已有四五千年历史，且长盛不衰。唐代陆羽《茶经》说："茶之为饮，发乎神农氏，闻于鲁周公。"今天，茶作为一种天然的绿色保健饮料，稳列世界三大饮料（茶、咖啡、可可）之首。茶文化作为源远流长的中华传统文化的一个分支，其精髓体现在国人的茶事生活中，使其成为大众提高气质、内涵、修养的有效途径与方式。

古往今来，从人们参与茶事活动的行为文化看，在茶叶生产和消费过程中所约定形成的行为模式，通常是以茶礼、茶俗以及茶艺等形式表现出来。如宋代诗人杜耒"寒夜客来茶当酒"的名句，说明客来敬茶是我国的传统礼节；"千里寄茶"表示对亲人的怀念；民间旧时行聘时以茶为礼，称"茶礼"，送"茶礼"叫"下茶"，古时谚语曰"一女不吃两家茶"，即女家受了"茶礼"便不再接受别家聘礼；还有以茶敬佛，以茶祭祀等。至于各地、各民族的饮茶习俗更是异彩纷呈，各种饮茶方法和茶艺程式也如百花齐放，美不胜收。从茶事活动的心态文化看，人们在应用茶叶的过程中所孕育的新的价值观念、审美情趣、思维方式是在茶事活动中产生的。人们在品饮茶汤时所追求的审美情趣，在茶艺操作过程中所追求的意境和韵味，以及由此生发的丰富联想，反映茶叶生产、茶区生活、饮茶情趣的文艺作品，将饮茶与人生处世哲学相结合，上升至哲理高度，形成所谓茶德、茶道等。这就是茶文化的最高层次，也是茶文化的核心部分。

如此看来，我们所研究的茶文化是属于社会的"精神文明"范畴，它不能完全脱离"物质文明"。不管是茶艺也好，茶礼也好，茶俗也好，都是在茶叶应用过程中体现出来的，也就是茶事活动中表现出来的，离开茶叶，也就不存在什么茶文化了。

第一节　茶树起源与利用

茶树是一种多年生的常绿木本植物，属于被子植物门，双子叶植物纲，山茶目，山茶科，山茶属。

植物学研究表明，较原始的山茶科植物起源于古第三纪的古新世和始新世之间，距今6 000万～5 000万年，而山茶属植物的出现，在距今3 000万～2 000万年的古第三纪的渐新世。我国科学工作者推论茶树是由古第三纪渐新世的宽叶木兰经中新世（距今2 000万～500万年）的中华木兰演化而来。

很多国家的植物学家和茶学研究者利用多学科综合研究，从茶树的演化形成、自然环境的变迁、野生茶树的分布以及茶的词源学等不同角度，论证了中国西南地区是茶树的原产地，也是世界上最早发现、利用和人工植茶的地方。

中国的西南地区是野生大茶树分布最集中、数量最多的地区，据不完全统计，我国近代在云南、贵州、四川、广西、湖南、湖北等10个省（区）共发现野生大茶树达200多处，其中70%分布在西南地区，而主干直径在1米以上的特大型野生茶树主要分布在云南。例如云南普洱市镇沅县千家寨野生古茶树，根据专家测定其树高达25.6米，干径达1.2米，树龄约为2 700年；云南省勐海县巴达乡大黑山密林中的巴达大茶树，位于海拔1 500米的原始森林中，于1961年被当地居民所发现，当时树高32.12

米、胸围2.9米，树龄在1 700年左右；云南省澜沧县富东乡邦威村的邦威大茶树，于1993年被发现，树高11.8米，树龄在1 000年左右，介于野生型茶树和栽培型野生茶树之间，即过渡性野生大茶树；位于云南省勐海县南糯山半坡寨海拔1 100米山林中的南糯山大茶树，成片分布，树高5.5米，树幅10米，主干道直径1.38米，树龄在800年左右，属栽培型的野生大茶树。

近年来在云南镇沅、澜沧、双江等地还发现了成片的野生茶树群，贵州道真县洛龙镇也发现了千年大茶树。迄今为止，从全世界已发现的野生大茶树的地域分布来看，中国西南地区是野生大茶树发现最多且分布最集中的地区，这是原产地植物最显著的植物地理学特征。

任何一种作物或栽培的植物，都是从野生采集开始，而后才发展为人工栽培的。一个基本规律是，在古代首先利用和栽培某种植物的国家或地区，多为该种植物原产区域。早在三皇五帝时代，我们的祖先就已经发现并开始利用茶了。据《华阳国志》等史籍的记载，在公元前11世纪的周代，巴蜀一带的茶树就已经开始人工种植和栽培，并用其所产作为贡品。从秦汉到两晋，四川一直是我国茶叶生产和消费主要地区。《茶经》中茶字的形、音，即茶、槚（jia）、蔎（she）、荈（chuan）、茗，首见于蜀人著作中的茶字就有四个，其发音也与巴蜀方言相近，这也从茶的利用和文化的角度证明了茶树起源于我国的西南地区。

我国西南地区各民族之间许多民间故事、神话传说、史诗和古歌中都涉及茶，如湘西《苗族古歌》中有关苗人创世纪的回忆里就提到了茶园，云南德昂族的民族史诗《达古达楞格莱标》（意为"始祖的传说"）中将茶视为人类的始祖。这些民间传说和故事说明，在原始社会时期，我国西南地区的人民就已经发现了茶。唐代陆羽《茶经》云："茶之为饮，发乎神农氏，起于鲁周公。"陆羽是依据《神农食经》等古文献的记载，认为饮茶起源于神农时代，后世在谈及茶的起源时，也多将神农列为发现和利用茶的第一人，当然神农是后人塑造的一种形象，不可能是具体的人，但有关原始时代包括茶在内的各种发明，定位于神农时代是可信的。

神农时代，我国的先民们就把茶树的嫩叶当成食物充饥，并发现了疗疾的作用，此后把茶作为祭祀贡品，接着作为贡品进奉朝廷，中国茶事始于汉朝，兴于唐代，盛行于宋代，逐渐演变为一种大众化的饮料。历史上，上至帝王将相，下至平民百姓，无不以茶为好。俗话说："开门七件事，柴米油盐酱醋茶。"由此可见，茶已深入到人们的生活中。如今全世界已有60余个国家种茶，茶的总种植面积已达250万公顷。寻根溯源，世界各国最初所饮的茶叶、引种的茶种以及饮茶方法、栽培技术、加工工艺、茶事礼俗等，皆是直接或间接地由我国传播过去的。

第二节　茶事生活的起源与传承

我国是茶的故乡，是茶的原产地，在中华民族上下五千年的历史长河中，不仅认识开发利用了茶，使其成为最普遍、最具特征的健康饮料，而且饮茶之风，从华夏大地，传到了全世界，为世人带去了美好的物质和精神享受，在大地上传颂着各种各样的茶故事，同样也流传着各种各样至真至情的饮茶习俗，人们以茶敬客，以茶会友，以茶送礼，以茶谈心，以茶保健，对世人的社会生活、文化、经济等诸多方面产生了影响。我国茶事的发展经历了以下六个阶段。

一、巴蜀起源从药用到食用阶段

茶学界一致认为，茶的利用始于药料，远在神农时代茶就被发现并用作药料，自此后茶逐渐推广为药用。这说明我国发现和利用茶叶至少已有近5 000年的历史。据茶史资料，学者公认巴蜀是中国茶业的源兴地区，据顾炎武《日知录》中说"自秦人取蜀而后，始有茗饮之事"，说明秦统一巴蜀以后，茶的利用才在各地慢慢传播开来。这表明茶叶文化也始于巴蜀地区，也才有了"巴蜀是中国茶业和茶叶文化的摇篮"之说，这一结论被大多数学者所接受，中国茶事起源上的争论得以平息。

茶由药用到最终发展为日常饮用，中间经过了食用阶段，当时人们将茶视为"解毒"的蔬菜，煮熟后和饭菜调和一起食用，其目的除了增加营养也能为食物解毒，由于茶开始进入当时的菜谱，随之茶汤的调味技术也开始受到重视和发展。自从人类发现茶叶的药用功能后，茶日趋受到重视，进而从野生开始发展到人工种植，促进了茶的迅速传播。

秦西汉早期简单的茶叶加工工艺已经有了雏形，时人用木棒将茶叶鲜叶捣成饼状茶团，然后或晒干或烘干后存放，饮用时先将茶团捣碎放入壶中，注入水进行熬煮，并加上葱姜和橘子调味，此时茶叶已经作为日常生活中的食品，成为待客之佳品。

二、少量种植供宫廷贵族饮用阶段

毫无疑问，饮茶的习惯最早起源于川蜀之地，后逐渐向各地传播，至西汉末年，茶已成为寺僧、皇室和贵族的高级饮料，到三国之时，宫廷饮茶则更为普遍。但从何时开始作为饮料，史料极缺，直到公元前59年西汉成帝时王褒所写的《僮约》一文中，曾提到"武阳买茶""烹茶尽具"等有关茶的内容，这是茶用来饮用的最早记载，反映了四川地区由于茶的消费和贸易需要，茶叶已经商品化，还出现了如"武阳"一类的交易中心，后一句反映了成都一带，西汉时已经饮茶成风尚，并且在贵族家庭还出现了专门的茶具。"汉成帝崩，一夕后（即帝后）寝惊啼甚久，侍者呼问，方觉。乃言曰：适吾梦中见帝，帝自云中赐吾坐，帝命进茶。左右奏帝，后向日待不谨，不合啜此茶。"这是宋人秦醇的《赵飞燕别传》中依据《汉书》改编的情节，另外多处出现"掌茶宫女"，种种说明西汉时期，茶已经成为皇室后宫的饮品。

汉代茶的传播主要还只限于荆楚或长江中游；三国时，江南和浙江沿海的我国东部地区，茶叶的饮用和生产也逐渐传播开来。据《三国志·吴书》记载："皓每飨宴，无不竟日。坐席无能否，率以七升为限。……曜素饮酒不过二升，初见礼异时，常为裁减，或密赐茶荈以当酒。"三国时吴国的末帝孙皓因韦曜酒不过二升，"密赐茶荈以当酒"，表明三国后期至少在江东吴国的贵族社会已经有嗜茶习惯，这里尤值得一提的是，孙皓、韦曜都是地地道道的下江人。至于制茶技术上，如张揖《广雅》所载："荆巴间采茶作饼，成以米膏出之。"这也是我们现在能见到的茶的最早加工记载。

三、成为普通饮料进入民间

从晋朝到隋朝，饮茶逐渐普及开来，成为普通饮料进入了民间，成为民间饮品。从茶的饮用来看，如果说三国江东茶的饮用还主要流行于宫廷和望族之家的话，那么到东晋时，茶便成为建康和三吴地区的一般待客之物。如《世说新语》载，任育长晋室南渡以后，很不得志，一次他到建康，当时一些名士迎之石头（位当于今南京江边），"一见便觉有异，坐席竟下饮"，于是便问人称："此为茶为茗？"另《晋中兴书》载："陆纳为吴兴太守时，卫将军谢安尝欲诣纳，纳兄子俶怪纳无所备，不敢问之，乃私蓄十数人馔。安既至，所设唯茶果而已，俶遂陈盛馔，珍羞毕具。及安去，纳杖俶四十，云：汝既不能光益叔父，奈何秽吾素业？"《晋中兴书》早佚，这条资料是陆羽《茶经》所引，有人否定这条资料的真实，如果把《晋书》作一引证，肯定这则故事的核心陆纳视茶为"素业"，各书所记还是一致的。既然把茶已看成是一种"素业"，自然说明这时茶的饮用一定已相当普遍。茶不仅成为普通饮料进入民间，而且成为商品进行买卖，据《广陵耆老传》中记载"晋元帝时有老姥，每旦独提一器茗，往市鬻之，市人竞买"，说明当时已有人将茶水作为商品拿到集市上进行买卖了。此外，刘琨给其兄子刘演信中提到的"前得安州干姜一斤、桂一斤，黄芩一斤，皆所须也。吾体中愦闷，常仰真茶，汝可置之"，赞美了茶叶的功效，人们在经常饮用茶叶的过程中，对有些地方出产茶叶的药效，也已有所比较。而且这个阶段，江南一带，"做席竟下饮"饮茶不仅风靡于文人雅士间，亦开始走入寻常百姓家。

两晋江南饮茶发展的同时，当地茶树的种植也有相应的发展。如南北朝宋山谦之《吴兴记》中载："乌程县西二十里，有温山（今湖州郊区），出御荈。"吴觉农先生研究认为，可能指的就是三国吴孙皓的"御茶园"中生产的茶。任何地方从开始种茶到进贡茶叶都有一个发展过程，可以肯定湖州包括现在江苏宜兴一带的茶叶生产，至迟在两晋时可能就有一定的发展，这从晋杜育《荈赋》也可得到某种印证："灵山惟岳，奇产所钟；厥生荈草，弥谷被岗。"两晋时在宜兴的某些山岭植茶也相当兴盛了。东晋裴渊

《广州记》所载："酉县出皋卢，茗之别名，叶大而涩，南人以为饮。"茶在我国南部沿海也获得了一定的发展。刘宋时《南越志》也载："茗，苦涩，亦谓之过罗。"

尽管这一时期，茶在我国中部和南部沿海获得了发展，但是，当时我国茶叶生产和技术的中心，还是在荆巴和西蜀。如西晋张载的《登成都楼》诗吟"芳茶冠六清，溢味播九区"，以及孙楚的《出歌》句"白盐出河东，美豉出鲁渊，姜桂茶荈出巴蜀"，反映的就是这种情况。如《华阳国志》在《巴志》中提到"丹漆、茶、蜜"皆纳贡；涪陵郡"惟出茶、丹漆、蜜腊"。《蜀志》载："什邡县，山出好茶""南安、武阳皆出名茶"，说明巴蜀是我国茶叶生产和技术中心。

四、嗜茶成俗大发展阶段

到唐朝时，茶风大盛。前文已提到六朝以前，茶在南方的生产、饮用已较为普遍，但北方尚未普及。至唐代中期，如《膳夫经手录》记载："今关西、山东、闾阎村落皆吃之，累日不食犹得，不得一日无茶。"北方地区的嗜茶成俗意味着此时饮茶之风在全国范围内都已经相当普遍，于是茶的生产和全国茶叶贸易随之空前蓬勃发展起来。茶叶的生产、消费和贸易存在着互为条件、相互促进的关系。唐代茶叶贸易的极大发展，推动和促进了茶叶生产和消费的相应发展，甚至改变了茶叶生产的版图和格局。茶叶生产的中心在此时慢慢转移到了长江中游和下游地区，到唐中后期茶叶生产和技术的中心已经正式东移至江南地区，而且唐代茶叶产区已遍及川、陕、鄂、滇、桂、黔、湘、粤、闽、赣、江、浙、皖、豫共14个省区，唐代的茶区分布几乎到达了与我国近代茶区相当的局面。此时边茶贸易的兴盛，我国边疆一些少数民族逐渐养成了饮茶习惯，甚至成习俗。

唐代以前的饮茶是粗放式的，随着饮茶在唐代的蔚然成风，饮茶方式也发生了显著变化，细煎慢品的饮茶方式开始出现。煮茶又名烹茶，是指将茶入水烹煮而饮。唐代以前没有制茶法，往往是直接采茶树生叶烹煮成羹汤而饮，类似喝茶汤，唐代以后则以干茶煮饮。唐代煮茶时加盐、葱、姜、桂等作料同煮。到宋代，北方少数民族地区用盐、酪、椒、姜与茶同煮，南方也偶有煮茶。从明清至今，煮茶法主要在少数民族流行。煎茶是指唐代陆羽在《茶经》里所创造记载的一种烹煎茶的方法，其茶主要用饼茶，经炙烤、碾罗成末，候汤初沸投末，并加以环搅，沸腾则止。而煮茶法中茶投冷、热水皆可，需经较长时间煮熬。煎茶法的主要程序有备器、选水、取火、候汤、炙茶、碾茶、罗茶、煎茶（投茶、搅拌）、酌茶。煎茶法在中晚唐时期很流行，从五代到北宋、南宋，煎茶法渐趋衰亡。

唐代茶事兴盛原因有三：

其一，茶叶区别于粮食等刚性消费品，因此茶叶的消费往往是由当时的社会经济条件所决定的。盛唐时期，全国的社会经济取得了较大发展，人民生活安定富裕，为茶事兴起奠定了物质基础。

其二，茶圣陆羽的倡导，虽然陆羽不是茶的最初发现者和饮用者，但唐代茶事的兴盛，确实和他的倡导分不开，北宋梅尧臣在《次韵和永叔尝新茶杂言》中称颂："自从陆羽生人间，人间相学事春茶。"《新唐书陆羽传》评价很贴切："羽嗜茶，著经三篇，言茶之源、之法、之具尤备，天下益知饮茶矣。"陆羽所著《茶经》被誉为"茶叶百科全书"，是中国乃至世界现存最早、最完整、最全面介绍茶的专著，对当时茶的历史、制茶和饮茶的方法、器具等进行了总结和提高，由于陆羽《茶经》一书的传播和推广，推动和促进了唐代茶业的普及和发展，也为后世茶文化的传承和发展打下了坚实的基础。

其三，佛教对唐代茶事普及的影响。唐代佛教尤其是禅宗的兴盛对茶文化的形成有着重要的影响，并逐步形成了包含佛教特色的茶文化。唐代佛教对茶文化形成的影响主要体现在茶叶的生产、茶诗文化以及茶道等方面。佛教在我国唐代得到极大发展，僧侣众多，且多好茶。而自古以来，我国也有"名山藏名寺，名寺育名茶"之说，佛教与茶密不可分，我国的许多名茶都出自寺院，佛教僧侣在茶的栽培、饮茶等方面起到极大地推动作用。唐代佛门寺庙大多建在深山古林之中，山中雨量充沛、云雾多、阳光漫射、土地肥沃，自然条件优越，极利于茶树的生长，因而寺院周围茶树遍布，为寺院僧人们能生产出大量的茶奠定了很好的基础。僧侣们在坐禅时饮茶可以起到消食、提神的功效，所以僧侣们充分利用寺院地理位置的优势广种茶树。同时，寺庙都有一定数量的田产，僧人们多不参加生产劳动，他们有条件和时间来种茶、研究茶。中唐以后，南方寺庙几乎是无庙不种茶、无僧不茶。由此，茶叶生产在寺院快速发展的带动下，民间的茶叶种植也得到了壮大，使得茶叶成为全国普遍种植的经济作物。在唐代，佛教不仅促进了茶叶生产的普及，而且还推动了饮茶风气的形成。在唐代的寺庙中，不仅专门设置茶僧一职，专司种茶制茶之事，还专门设有招待贵宾香客的茶寮或茶室，世俗社会的人们纷纷效仿。据封演《封氏闻见记》记载："开元中，泰山灵岩寺有降魔师，大兴禅教，学禅，务于不寐，又不夕食，皆许其饮茶。人自怀挟，到处煮饮。从此转相仿效，遂成风俗。"可以说佛教尤其是禅宗在很大程度上推进了茶叶生产的发展，寺院茶的广泛种植、饮用极大地促进了唐朝种茶、饮茶的发展与传播。

茶诗是唐朝茶文化的表现形式之一。茶诗在唐朝不断兴盛的佛教的推动下出现，并逐步走向繁荣。因盛唐前，文人饮茶未形成普遍风尚，所以茶与诗结合基本上是盛唐以后的事。据统计，到唐中期作茶诗已蔚然成风，共作茶诗158首，而到了唐朝后期，共作茶诗233首，数量急剧增加。其中，寺院里的诗僧以及与佛教联系密切的文人为此做出了重要贡献。

中唐时期出现了一个特殊的文人阶层——诗僧。唐代僧人诗的风格大致可分为两大类，一类是通俗派，以王梵志、寒山等为代表；另一类是清境派，以皎然、灵澈等为代表。其中以皎然为茶诗创作的杰出代表。皎然是唐朝时著名的诗僧，曾与陆羽等同居于湖州杼山妙喜寺。皎然与茶圣陆羽是莫逆之交，他一生写了许多茶诗，与陆羽有关的就有十几首。皎然倡导以茶代酒，在品茶的过程中追求饮茶的艺术境界，并最早明确提出"茶道"一词，使茶道蒙上浓厚的宗教色彩，在茶文化和茶道的发展史上具有重大的意义。茶道包括茶艺、茶礼、茶德等内容，茶礼是茶道的重要组成部分，是茶道精神的一种体现。唐朝时期，随着僧人种茶、饮茶日益增多，僧人们便以茶助禅，以茶礼佛，在品味茶的苦寂时，将佛教的"清净"思想融入饮茶之中，在饮茶之中悟道，并制定了严格的饮茶程序，形成独特的一套寺院茶礼，茶礼成为禅事活动不可分割的一部分。如禅宗怀海禅师制定的《百丈清规》中有关于寺院茶礼的规定。如"新命辞众上堂茶汤""受请人辞众升座茶汤""山门特为新命茶汤"等，详细地规定了不同场合的茶礼。

宋人饮茶继承了唐人的饮茶方式，但比唐人更为讲究，茶的制作也更为精细。在饮用上，由唐朝的煮茶法变为点茶法，煮茶法已被淘汰，开始盛行点茶法。点茶法是在唐朝煎茶法的基础上发展而成的。点茶法是将茶碾成细末，置茶盏中，以沸水点冲。先注少量沸水调膏，继之量茶注汤，边注边用茶筅击拂，使之产生泡沫（称之为汤花），达到茶盏边壁不留水痕为佳。点茶法和唐朝的煮茶法最大不同之处是不再将茶末放到锅里煮，也不添加盐，保持茶叶的真味。点茶法在宋代时传入日本，流传至今，现在日本茶道中的抹茶道采用的就是点茶法。点茶法也是宋朝斗茶时所采用的方法。斗茶就是茶质优劣和茶技高低的比拼，三五知己聚在一起，煎水点茶，看谁的点茶技艺高超，点出的茶色、香、味都比别人的好。斗茶时所用的茶盏是黑色的，容易衬出茶汤的白色及是否附有水痕，因此，当时福建生产的黑釉茶盏极受欢迎。宋代饮茶虽以饼茶为主，但同时也有一些有名的散茶，如日铸茶、双井茶和径山茶，散茶尤为文人所喜爱。

明清时代的饮茶，无论在茶叶类型上，还是在饮用方法上，都与前代有显著差异。明代在唐宋茶的基础上发展扩大，使散茶成为盛行明、清两代并且流传至今的主要茶类。明朝开国皇帝朱元璋出身贫苦，看不惯人们制作团茶、饼茶，以斗茶为乐的奢侈生活，当了皇帝后，很快"废团茶兴散茶"，公元1391年下令改革贡茶，"罢造龙团，唯采芽茶以进"。由此遂使茶（叶茶、草茶）独盛，茶风也随之改变。明代陈师《茶考》载："杭俗烹茶，用细茗置茶瓯，以沸汤点之，名为撮泡。"置茶于瓯、盏之中，用沸水冲泡，明时称"撮泡"，此法沿用至今。明代更普遍的还是壶泡即置茶于茶壶中，以沸水冲泡，再分酾到茶盏（瓯、杯）中饮用。据张源《茶录》、许次纾《茶疏》等书，壶泡的主要程序有备器、择水、取火、候汤、投茶、冲泡、酾茶等。现今流行于闽、粤、台地区的"工夫茶"则是典型的壶泡法。

明代炒青法所制的散茶大都是绿茶，兼有部分花茶。

清代除了名目繁多的绿茶、花茶之外，还出现了乌龙茶、红茶、黑茶和白茶等类型的茶，从而奠定了我国茶叶结构的基本种类。

清王朝统一多民族国家的建立，使茶饮文化也得到了更广泛地传播与发展。茶文化已渗透社会生活的各个阶层，茶饮文化在阶层分布上更具有广泛性。《清稗类钞》记述的饮茶阶层，除文人雅士，上至皇室大臣，下至平民百姓。[①]

乾隆嗜茶喜好"帝王嗜茶，茶为国饮"帝王茶事记载很多，宫廷茶宴精致、富贵，规模更是超越以往朝代。其中乾隆"命制三清茶，以梅花、佛手、松子瀹茶，有诗纪之。茶宴日即赐此茶，茶碗亦摹御制诗于上。宴毕，诸臣怀之以归。"[②]康熙、乾隆两朝，宫廷共举办四次规模巨大的"千叟宴"，宴席程序即先饮茶，后饮酒，再饮茶，讲究皇家气派，具有特定的饮茶礼仪。在紫禁城中，专门设有管理用茶的机构，乾清宫东北设有御茶房。清末的光绪帝"晨兴，必尽一巨瓯，雨脚云花，最工选择"。[③]光绪大婚奁单中备有雕刻精美的金质茶盘、瓷茶盅以及紫檀茶几等，由此可见宫廷饮茶风盛讲究。

从各级官僚阶层来看，"凡至官厅及人家，……既通报，客即先至客堂，立候主人。主人出，让客，即送茶及水旱烟"。[④]大吏见客，"除平行者外，既就坐，宾主问答，主若嫌客久坐，可先取茶碗以自送之口，宾亦随之，而仆已连声高呼'送客'二字矣。俗谓'端茶送客'。茶房先捧茶以待，迨主宾就坐，茶即上呈，主人为客送茶，客亦答送主人"。由此看出，由宋代"点茶"逐渐引出的"客辞敬茶"或"端茶送客"习俗，在清代官场文化中已成为普遍而有效的沟通规则。

《清稗类钞》中还记述了各地茶园、茶馆、戏园、书场中百姓的饮茶场景，涉及的饮茶人群包括茶农、手工业者、民工、商贩、艺人、乞丐等。如在"京师茶馆"中"有提壶以往者，可自备茶叶，出钱买水而已。汉人少涉足，八旗人士虽官至三四品，亦厕身其间，并提鸟笼，曳长裾，就广坐，作茗憩"生动记述了普通旗人的茶馆生活形态。而在苏州，更有"妇

① 马东，2014. 从《清稗类钞》看清代茶文化发展的广度和深度. 农业考古（2）.

②③ 徐柯，1984. 清稗类钞·第13册·饮食类. 北京：商务印书馆.

④ 徐柯，1984. 清稗类钞·第5册·风俗类. 北京：商务印书馆.

女好入茶肆饮茶。同、光间，谭叙初中丞为苏藩司时，禁民家婢及女仆饮茶肆。然相沿已久，不能禁"。

饮茶地域分布上，茶文化在边远少数民族区域得到进一步拓展。早在唐代时期，江南茶饮习俗就已经开始向北方少数民族传播，茶作为茶马古道的维系因子，使茶马古道更具生命力。牧区茶的传入最初见于唐朝，但未形成定制。宋初，北宋王朝军事与经济发展，向边疆少数民族购买马匹，为了使边贸有序进行，还专门设立了茶马司。据统计，宋代四川产茶3 000万斤，其中一半经由茶马古道运往牧区。茶马古道的兴起，农牧区经济加强，直接促进了产茶区茶业的发展，茶马古道对滇川藏地区的茶业发展有着不可磨灭的贡献。至清代，经打箭炉出关的川茶每年达1 400万斤以上。《清稗类钞》饮食类中，详细记述了清代时我国疆域范围内满族、蒙古族、藏族、哈萨克族、回族等少数民族的饮茶习俗。满族、蒙古族的奶茶、乳茶，藏族的酥油茶等，虽然饮茶方式有所不同，但总体喜饮程度已不逊于江南及中原汉族地区。茶马古道的开通，对牧区人民和南亚、东南亚等地区有很重要的影响，茶的传入深深地影响着茶马古道沿途各族人民经济文化生活，在茶马古道上聚居着20多个少数民族，茶的传入使他们在不同的生活环境、饮食结构、服饰起居及文化习惯背景下，交融形成了一系列各具特色的民族茶饮文化。

国际市场上，茶文化扩大了影响力。唐代，中国的茶饮文化就已传入朝鲜、日本，宋元时期传入南洋诸国，通过海路和陆路开始影响到欧洲大陆。清代尤其是鸦片战争以后，随着海外贸易量增加，茶已经成为中国最重要的出口商品，其文化的国际影响力也正是在这一时期急剧扩大。据《清稗类钞》农商类记述，从光绪丁酉（1897年）至宣统庚戌（1910年）十余年间，"国外贸易年盛一年，……输出品中最重要者为丝茶，丝之输出价值占总额百分之三十五分，茶则占百分之二十分，绸缎、牛皮、猪鬃、羊毛、草帽缏、米、棉花等次之。"由此可见，茶在清出口商品中分量比重之大，在西方很受欢迎。

品饮方式和饮茶功效上有了更加全面科学的认识。在《清稗类钞》饮食类中，将茶、咖啡、可可统划为茶类，并指出"此等饮料，少用之可以兴奋神经，使忘疲劳，多则有害心脏之作用。入夜饮之，易致不眠"。在挑选茶叶时，指出"茶之上者，制自嫩叶幼芽，间以花蕊，其能香气袭人者……劣茶则成之老叶枝干。茶味皆得之茶素，茶素能刺激神经。饮茶觉神旺心清，能彻夜不眠者以此。然枵腹饮之，使人头晕神乱，如中酒然，是曰茶醉"。同时提出，"久煮之茶，味苦色黄，以之制革则佳，置之腹中不可也。青年男女年在十五六以下者，以不近茶为宜。其神经统系，幼而易伤，又健于胃，无需茶之必要，为父母者宜戒之"。由此可见，随着近代西方科技的传入，清代已经突破传统科技观中整体认识事物的习惯思维，对饮茶的利弊功效有了更加全面科学的认识。

清代时的茶饮方式上清饮和调饮共同发展。清代茶人中清饮盛行，并为"正统"。《清稗类钞》中记述有四川太平、北京、扬州、长沙、广东等地采用调饮方式喝茶的茶俗。其中，四川太平男女视酥油奶茶为要需，北京人茶中入香片；扬州啜茶"例有干丝以佐饮，亦可充饥。干丝者，缕切豆腐干以为丝，煮之，加虾米于中，调以酱油、麻油也。食时，蒸以热水，得不冷"。长沙茶肆，"有以盐姜、豆子、芝麻置于中者，曰芝麻豆子茶"。而广东地区的茶馆也有饮所谓菊花八宝清润凉茶，茶中入有"杭菊花、大生地、土桑白、广陈皮、黑元参、干葛粉、小京柿、桂元肉八味，大半为药材也"。清代茶的调饮文化地位大大加强，并与清饮并行发展和繁荣。

五、近代的衰落阶段

尽管我国古代劳动人民对茶叶的生产、消费等有不少的宝贵经验，并且为世界各国发展茶叶生产作出巨大的贡献，但由于清末至新中国成立前政治腐败，茶叶科学技术和经验得不到总结、发扬和利用，茶叶生产在帝国主义的排挤和操纵下日趋衰败。

六、新中国茶事的兴盛

新中国成立后，我国茶叶的生产获得了恢复和发展。开辟了集中成片的高标准新茶园，因地制宜综合治理了大批低产茶园，同时注重建设茶场和茶厂生产的发展。

改革开放后中国的茶叶生产得到迅速地发展，茶文化内涵及表现形式也在不断扩大、延伸、创新和发展。茶文化融入现代科学技术，对现代化社会的作用进一步增强。茶的价值使茶文化核心的意识进一步确立，国际交往日益频繁。茶文化传播形式，呈大型化、现代化、社会化和国际化趋势发展。其内涵迅速膨胀，影响扩大，为世人瞩目。

　　改革开放促进了中国茶文化的发展，同时中国茶文化的发展也促进了改革开放，推进了国际文化交流。中国茶叶大量出口，使得中国茶及茶文化为世界所了解，有不少国际友人也通过茶了解到中国，了解到中国文化。随着科学的进步、工业的发达，人们的生活节奏加快，传统茶叶产品的饮用方式已不能完全满足人们的需要，为了追求快速、简便易于操作和携带的茶叶产品及饮茶方式，出现了袋泡茶、速溶茶、浓缩茶、罐装茶饮料等新产品。茶的产业得到了全面和健康的发展，茶业从业人员达到了8 000万人，茶叶总产值已超过千亿，在世界各地不仅有了茶叶成分制成的药物，而且还有琳琅满目的茶食品、日化用品，茶已经和人们的生活紧密相连。

　　今天，茶作为一种天然的绿色保健饮料，稳列世界三大饮料（茶、咖啡、可可）之首，茶不但对经济起了很好的作用，成了人们生活的必需品，而且逐渐形成了灿烂夺目的茶文化，成为社会精神文明的一颗明珠。茶文化的出现，把人类的精神和智慧带到了更高的境界。茶文化是高雅文化，社会名流和知名人士乐意参加；茶文化也是大众文化，民众广为参与。茶文化覆盖全民，影响整个社会。发扬中国茶文化的优良传统，传播茶文化知识，使其成为大众提高气质、内涵、修养的途径与方式，进而延伸为大众文化。

第二章
国人共享的茶事生活

第一节 国人爱茶事生活的原因

一、茶是中国的国粹

自古以来，中国就有饮茶的习惯，古人总结了茶有十德：以茶散郁气，以茶驱睡气，以茶养生气，以茶除病气，以茶利礼仁，以茶表敬意，以茶尝滋味，以茶养身体，以茶可行道，以茶可雅志。

中国是茶树的原产地之一，中国在茶的发展上对人类的卓越贡献是世界公认的。中国最早发现并利用了茶，把它发展成为我国灿烂独特的茶文化，并且逐步传播到中国的周边国家乃至整个世界，所以说茶是中国的国粹。

近年来，习近平主席5年11次与外国元首茶叙，7次出访8次说到茶文化，频率超高。

中国是茶的故乡。外国元首请到访的习主席品茶，是他们了解习主席爱茶；习主席请来访的元首品茶，则体现了国人传统礼仪客来敬茶。但不管在国外还是在国内，可以体会和感悟茶在外事活动中以茶会友、以茶联谊、交流合作、互利共赢的内涵。

习主席之经典茶语"品茶品味品人生"，"清茶一杯，手捧一卷，操持雅好，神游物外"等，意蕴深厚，物质与精神、人文与自然完美融合，将茶文化作为中华文化之优秀代表，推向了崇高境界，充分说明茶文化在习主席外事交往中已呈常态化，这是他推崇高雅精神生活的写照，也是对人们追求美好生活的引领与倡导①。

2016年9月3日晚，习主席请奥巴马在杭州西湖"清漪晴雨"亭，品饮盖碗龙井茶。

2018年2月1日下午，国家主席习近平和夫人彭丽媛在北京钓鱼台国宾馆同来华访问的英国首相特蕾莎·梅和丈夫菲利普·梅茶叙。英国是下午茶故乡，习梅茶叙可谓茶逢知音。

2018年4月27—28日，国家主席习近平同印度总理莫迪在湖北省武汉市举行非正式会晤。4月28日上午，习近平与莫迪在武汉东湖边上品茗论国事。中印两国均为产茶大国，茶叶产量分别位居全球第一、第二位；两国人民均喜爱喝茶，中印两国均有客来敬茶之习俗。当天会晤结束之后，莫迪第一时间在推特上与网友们分享与习近平茶叙的图文："边喝茶边进行富有成效的讨论。印中加强友谊有利于两国人民和全世界。"

二、茶是人际关系的润滑剂

饮茶可以消除隔阂，人与人之间可以因茶而生缘，人际关系可以因茶而更加融洽。茶在人际交往中具有其他媒介所没有的润滑作用。俗话说"以茶会友"，其中就体现着茶的交际功能。

宋朝流行的"斗茶"就是一种因茶而起的人际交流活动。尽管斗茶活动带有比赛性质但仍属于心灵沟通的范畴，绝非只是争强好胜。范成大的《题张氏新亭》诗云："烦将炼火炊香饭，更引长泉煮斗茶。"宋朝斗茶，除了比试茶汤的色泽之外，更要比试沫饽的多少和停留在杯盏内壁时间的长短，而比赛结果"以水痕先者为负，耐久者为胜"，格调甚高，虽有输赢，却无争夺。这种斗茶，只能加深人与人之间的情感，而不会引起纠纷。

围绕茶文化开展的游艺活动大都能够活跃人际关系。陆游的《临安春雨初霁》诗云"矮纸斜行闲作草，晴窗细乳戏分茶"，指的就是烹茶游艺。茶文化活动提倡的是和谐，和谐是形成良好人际关系的氛围基础，而茶文

---

① 竺济法，2018. 习近平五年十一次与外国元首茶叙. 中国茶叶.

化可以构建这种氛围。由于经济条件、社会地位的差异，人与人之间不可避免地要发生一些矛盾和冲突。在没有有效的利益协调机制的情况下，用茶文化去引导人们自我修养和人际沟通，可起到调解和整合的作用。茶文化强调和而不同、以和为贵，主张人与人之间相互尊重、与人为善。

2017年12月6日，由青海省翠屏春茶文化学校主办，青海师范大学和城北区就业局协办的"高校技能进校园茶艺师培训班"顺利结业。

为积极响应党的号召，构建社会主义文化强国，弘扬中华茶文化，构建青海师范大学和谐校园，青海省翠屏春茶文化学校在青海师范大学举办了第一期"高校技能进校园茶艺师培训班"，来自大四毕业班的茶文化爱好者40余人，就饮茶的起源、茶饮在古代各历史时期的演变和发展、十大名茶、茶具制作的技艺文化、饮茶风俗、茶与文学（茶诗、茶词）等茶学内容进行了学习。这些内容都可以有选择性的在大学生素质教育中进行综合提炼，形成一门在大学生中开设的文化教育通识课。通过传授茶文化，让青年人更多地了解传统文化的魅力，增长见识、开阔视野。讲授茶文化不仅能配合高雅文化进高校，繁荣校园文化，提高大学生综合素质，也为他们增加一份入世技能，茶艺师就业前景非常好。

在结业典礼上，学生们进行了茶艺表演活动，配合其他文化活动，师生共同营造出一种有利于身心健康的环境，使中华茶文化的美好与清香，长久的飘散在象牙塔中。

青海师范大学高校技能进校园茶艺师培训结业

弘扬中华茶文化，对高校精神文化的建设具有重要意义。通过修习茶文化，无形中会使学生以中国茶德的"廉、美、和、敬"和茶道中行为的规范来规约自己，使大学生形成清廉、勤俭、真诚、和睦相处、敬人爱人、助人为乐、热爱生活的品格；向学生介绍茶历史与形成，以及茶艺表演知识和中国茶德精神——"廉、美、和、敬"精神的介绍，以"和"为核心的茶德内涵，其中的"和"，不仅包含着人与人的和谐、人与社会的和谐，还包括与自我的和谐等方面。在人与人的和谐方面，就是人际关系的调整。重视人与人和睦相处，待人诚恳、宽厚，互相理解、关心，与人为善，团结、互助、友爱，达到人际关系的和谐。在人与自我的和谐方面，就是要保持健康的心理，塑造自尊自信、理性平和、积极向上的社会心态，能正确处理人与自然、人与社会的关系。

三、习茶是中国人内涵情怀的体现

在五千年的历史长河中，曾有过多少流行时尚风靡一时，而又随波逐流。但是茶，始终被中华民族历代传承和弘扬。中国茶文化源远流长、博大精深。在茶中，体现着民族、诗情和人们对美好生活的向往。

随着茶的发现，茶文化开始形成，人们对茶的美有了最初的认识。茶的品种繁多，形式多变。赏之，能给人带来美感；茶汤和叶底因茶的不同种类颜色多变，姿态万千。观之，也能给人带来美感，茶味甘饴，苦甜相宜。饮之，更能给人带来美感。赏茶、泡茶、品茶皆是一种美的享受。

此外，观看茶艺表演也可以培养美感。茶艺表演是在茶艺的基础上产生的，它通过各种茶叶冲泡技艺的形象演示，艺术的展示泡饮过程，使人们在精心营造的优雅环境中，得到美的享受，陶冶情操。茶艺作为一种艺术表演，营造出一种虚静恬淡的审美主客体环境，表达有道无依、天人合一的品饮境界，给人带来美的享受。

2015年1月12日，莲晟书院国学茶道成人班正式开课了。晚上7点，15个茶友聚居夏都府邸茶圣居内，邀请青海大学教授给大家讲授《论语》第一篇《学而》，重点是"吾日三省吾身"；"节用而爱人，使民以时"；"礼之用，和为贵"以及仁、孝、信等道德范畴。之后，全体茶友交流了学习心得，此乃众人得慧！茶友认为通过对国学经典的学习，不仅对中国传统文化产生了浓厚的兴趣，体味到了中国传统文化之美，同时提高了个人素养，完善了品格，还懂得了为人处世的道理。

最后，在优雅的古琴声中，大家一边品茗台湾高山乌龙茶，一边欣赏茶艺师马玉梅表演的《茶圣居乌龙茶茶艺》。

大家都感慨，在繁忙的快节奏的城市生活中，莲晟书院给大家带来了一种提高自身修养的简约、闲适、智慧的中国式雅致体验。三千年读史，不外功名利禄；九万里悟道，终归诗酒田园。我们需要——"中国式雅致生活"。

青海大学马宏晟教授给大家讲授《论语》

四、饮茶是一种保健方式

饮茶不仅健康，更是一种保健方式。古代最早采摘茶叶是用来咀嚼治病的，进一步发展到做汤喝，最后慢慢变成了饮料。

对于中国人来说，喝茶养生是流传了几千年的传统。随着科学技术的发展，"茶为万病之药"的千年之谜日渐明朗。茶叶中诸如茶氨酸、咖啡碱和茶多酚等营养物质在一定程度上可以保护细胞DNA免受自由基损伤，修复受损伤的细胞膜、清除自由基等，所以，在根本上可以保护人体健康，调节生理作用，起到预防动脉粥样硬化、帕金森症、糖尿病和肿瘤的作用，同时还具有降血压、血脂和血糖等功效。但是茶

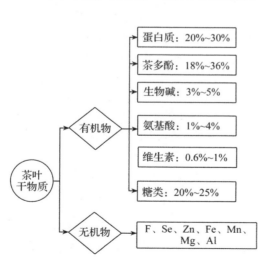

茶叶干物质
- 有机物
  - 蛋白质：20%~30%
  - 茶多酚：18%~36%
  - 生物碱：3%~5%
  - 氨基酸：1%~4%
  - 维生素：0.6%~1%
  - 糖类：20%~25%
- 无机物
  - F、Se、Zn、Fe、Mn、Mg、Al

不是"药"，而是一种对人体有益的功能性食品，科学饮茶和服用茶叶的功能性食品可以提高人体对疾病的免疫力，提高健康水平。

茶树的新鲜叶片当中，水分占75%～80%，干物质占22%～25%。

茶叶中的化学成分，经过分离鉴定的已有700多种，种类真是非常的丰富。另外，加工过程中，还会反应形成更多的成分。我们喝茶之所以能喝到苦味、涩味、甜味、回甘各种细腻的层次，香气有花香、果香、豆香、嫩香、蜜香，就是因为茶叶中的物质实在是太丰富了。

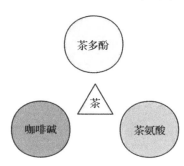

图中的三种成分：茶多酚、咖啡碱、茶氨酸，是茶中最重要的三种成分，也是关于茶研究最多的几种成分。

1. **茶多酚** 人体保鲜剂。茶中的茶多酚含量高达18%～36%，是茶中最重要的成分。众所周知，关于茶叶抗氧化功能的研究，都是关乎茶多酚的。

简而言之，自由基会攻击和破坏人体的组织和细胞，从而导致种种后果，诸如衰老、器官病变、皮肤变坏、癌变等。茶多酚清除自由基，可以说是人体的保鲜剂。有一个著名的抗氧化能力比较实验：

2杯绿茶＝4个苹果＝5个洋葱＝7杯橙汁

2. **咖啡碱** 提神抗疲劳。前文提到，茶中的咖啡碱含量比咖啡中高，由于最早是在咖啡中发现的咖啡碱，所以也只好以此命名。

咖啡碱具有提神益思、强心利尿、消除疲劳等功能。喝了茶感觉精神很好，就是咖啡碱在起作用，过去的人喝茶，最注重的就是喝茶提神的作用。尤其是一些老农，即使是粗大的茶叶，如果没茶喝，干活都是没有力气的。

3. **茶氨酸** 天然的镇静剂。茶中的氨基酸，共有26种，而茶氨酸是其中含量最高、最特别的氨基酸，因为茶氨酸几乎在其他植物里找不到，是茶特有的。

如果说咖啡碱提神，则茶氨酸是安神的。这两者相辅相成，让茶叶有提神的作用，但又不会过度兴奋。茶氨酸被称为"天然的镇静剂"，能够使人注意力集中。浙江大学的王岳飞教授提到，咖啡碱的作用是短期产生的，而茶氨酸安神、增强记忆的作用则是长时间的积累才会显现的。

第二节　中华民族共享的茶事生活

习近平主席说：茶在中国人眼里是一种生活、一种享受、一种境界。茶是弘扬中华传统文化灵魂鲜活起来的最好的载体，茶承载了中华民族的美德，是中华民族共享的文化符号，升华为中国茶道。

一、生活的茶

指的是"柴米油盐酱醋茶"里的茶。茶是广大老百姓一日不可或缺的生活物质。很多人可以三天不吃肉，但是不可以一天不喝茶。

1. 古风犹存的"吃茶"　茶最初并不像今天这样冲泡饮用，在古代，人们曾用做蔬菜汤的方法将茶叶放在水中煮着吃。我国茶文化专家对西南地区各民族"吃茶"习俗的历史与现状进行大规模调查后发现，在茶叶原产地及其周边的几个省的山区，傣、苗、侗、瑶、土家、仡佬等族的人民至今仍保存着请客人"吃茶"的习俗。我国西南地区是世界茶树原产地中心，利用茶的历史至少可追溯到 3 000 年前的西周时期。"吃茶"主要有两种方式：一种是在茶中加入许多作料或香料，和着一起吃；一种是把茶跟粮食放在一块吃。

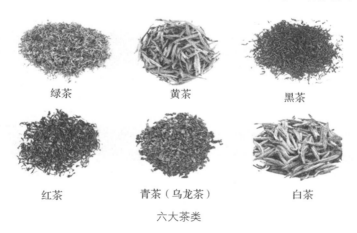

| 绿茶 | 黄茶 | 黑茶 |
| 红茶 | 青茶（乌龙茶） | 白茶 |

六大茶类

除少数民族"吃茶"外，边远山区的汉族也有"吃茶"的习俗。"吃茶"习俗的分布与古茶区关系密切，其原料多是自采自制的当地大树茶，这一习俗的演变与地理条件、交通、经济也有密切关系，交通越方便、现代文明越发达的地方，越多的是采用泡茶之法。从生晒药用、熟食当菜、烹煮饮用到今日之冲泡直饮，茶已成为全世界青睐的健康饮品。

　　茶也有掺入主食中吃的，比较多的有茶粥、茶面（面条中掺入茶叶）、茶叶盖浇饭、茶香水饺等，不仅使食物染上天然茶彩，而且茶香味爽，引人食欲，倍受消费者欢迎。特别是茶香水饺，鲜而带香，油而不腻。早在唐代，医药学家孟诜著《食疗本草》，其中曾记述："煮取茶汁，用煮粥，良。"清代黄云鹄的《粥谱》以及曹庭栋的《老老恒言》，也都有"陈茗粥""茗粥"的记载，说明中国古代很早就有人用茶入食，并认为茗粥有益于提高食欲，增强体质。

　　2. 热情周到的待客茶　以茶待客，是中国最普及最具平民性的日常生活礼仪，与人们日常生活密切相关。在中国客来敬茶几乎不分公私场合，成为一种起码的礼貌，客人来了主人可以不招待饭菜，但不能不泡茶，以表示对客人的尊重。由于地理环境和民族习俗的差异，在我国十里不同风百里不同俗，各地人们敬茶的方式和习惯有很大的区别。

　　白族三道茶。白族的三道茶是宾主共同抒发情感、互致祝福、宾主同乐的一种饮茶方式。三道茶的头道茶是以土罐烧烤绿茶泡制而成的"苦茶"，味香苦；二道茶是以红糖加核桃片和牛奶冲沸水泡制的"甜茶"，味香甜；三道茶是蜂蜜泡开水的"回味茶"，味醇甜。品饮这三道茶，口中有苦甜混合的舒适感，饮后回味无穷。

　　昆明九道茶，九道茶主要流行于中国西南地区，以云南昆明一带最为流行。泡九道茶一般以普洱茶最为常见，多用于家庭接待宾客，又称迎客茶，因饮茶有九道程序，故名"九道茶"。

　　第一道为择茶，就是将准备好的各种名茶让客人选用。

　　第二道为温杯（净具），以开水冲洗紫砂茶壶、茶杯等，以达到清洁消毒的目的。

　　第三道为投茶，将客人选好的茶取适量投入紫砂壶内。

第四道为冲泡，就是将初沸的开水冲入壶中，如条件允许，用初沸的泉水冲泡味道更佳，一般开水冲到茶壶的三分之二处为宜。

第五道为温茶，将茶壶加盖5分钟，使茶的浸出物充分溶于水中。

第六道为匀茶，即再次向壶内冲入开水，使茶水浓淡适宜。

第七道为斟茶，将壶中茶水从左至右倒入杯中。

第八道为敬茶，由小辈双手敬上，按长幼之序依次敬茶。

第九道为品茶，一般是先闻茶香以舒脑增加精神享受，再将茶水徐徐喝入口中细细品味，享受饮茶之乐。

藏族待客茶俗。藏族人对茶极为重视，认为茶是"吉祥"之物。若到藏民家做客，女主人首先会敬上一碗酥油茶。客人接过主妇双手呈上的酥油茶后，主妇仍需手捧盛满酥油茶的茶壶恭立在一旁，或在几位来宾前轮流斟茶，使客人的茶碗常满。而客人则需轻啜慢品，不能出声。饮前先吹开飘在茶水表面上的浮油，分数次饮，忌一饮而尽，要留一半茶于碗中，待主妇添满后再喝，要连续喝完三碗茶，才能起身告辞，视为"吉利"。酥油茶的做法是先用大土陶罐或锅将泉水煮沸，把茶饼放在小土罐内烤至焦黄后放入泉水中，再加入酥油和炒熟舂碎的核桃仁、盐、鸡蛋等，使劲用木棒上下抽打，使酥油与茶汁和配料混合成浆状，倒入碗中即可饮用。

回族待客茶俗。回族喝茶的特色是喝盖碗茶，盖碗俗称"三件套""三炮台"，由茶碗、茶盖、茶船组成。回族人不但自己喝，还用盖碗茶招待客人，作为欢迎的最高礼遇。"客人远至，盖碗先上"，客人来时，先将盖碗擦洗干净，放入茶叶和作料，揭开茶盖（半遮半掩）将沸水注入，在茶碗中冲出一圈一圈的浪花，冲泡5分钟后，双手递给客人，并说："请喝茶。"客人边饮边用茶盖"刮"茶水表面，还得注意不用嘴吹或吸出响声，否则被视为不懂礼貌、无教养。饮茶时不得一次将茶喝干，要留存茶汁，边喝边由主人续水。用茶盖"刮"茶水时，用左手捧托盘，用右手大拇指和食指抓住盖顶，用无名指卡住盖口，"刮"一下喝一次。回族人民以茶待客，注重轻、稳、静、洁的饮茶礼节。"轻"，指冲、刮、喝要轻，不得出声；"稳"，指沏茶要稳要准，落点准，似"蜻蜓点水"，不溅不溢、不漫不流；"静"，指环境幽雅，窗明几净，无干扰，无噪音，凝神品味；"洁"，指茶碗、茶水清洁卫生，一尘不染。

台湾客家茶俗。擂茶是客家人招待客人的一种茶食，以陶制擂钵将茶箐、花生、芝麻等以擂棒研磨成泥状后，冲入沸水调匀，再加入玄米后饮用。台湾的桃竹苗及花东地区少数客家人仍保持此传统，大陆的湖南、广东、福建等地区也有饮用擂茶的习惯。台湾的客家人大约有400万人，主要是从广东的嘉应府、惠州府等地及福建闽西一带移居过去的。客家人民风淳朴、热情好客，每当客人来临时，主人首先端出一套擂茶的茶具来，即一个口径约50厘米、内壁有辐射状纹理的陶制擂钵，一个以油茶树木或桧木制成的60多厘米长的擂棒，一个以竹片编制成的捞滤碎渣的捞飘，这三样俗称"擂茶三宝"。后来擂茶逐渐发展成社交的习俗，有亲友聚会、婚嫁寿诞、乔迁新居、添丁升职等喜事都请吃擂茶。擂茶虽然是客家人的传统美食，但曾经几乎在年轻的一代中失传，只有山上的尼姑和老一辈的客家人还保留着这个习俗。近年来由于茶文化的发展，擂茶又流行了起来。有的茶艺馆正式推出了擂茶，而客家人居住的乡镇也逐渐恢复了饮擂茶的习俗，需要购买擂钵的人愈来愈多，有供不应求之势，几乎失传的擂茶也许又能复兴起来了。

潮汕工夫茶。潮州工夫茶，在当地不分雅俗，十分普遍，均以茶会友。在潮汕当地更是把茶作为待客的最佳礼仪并加以完善，这不仅是因为茶在许多方面有着养生的作用，更因为自古以来茶就有"待君子，清心身"的意境。不论是公众场合还是居民家中，不论是路边村头还是工厂商店，无处不见人们长斟短酌。品茶不仅为了达到解渴的目的，而且还在品茶中或联络感情，或互通信息，或闲聊消遣，或洽谈贸易，潮州工夫茶蕴含着丰富的文化内容。儒雅人家的工夫茶特讲究，有茶童（戏称"风炉县长"）专侍，挑担、入山、浮水，临清溪而烹茶，观山水而论道，赋诗辞而抒情，别有一番情趣。工夫茶乃文人骚客生活中不可或缺的雅事，故在许多诗文中均言及工夫茶。

"茶"素来成为人们日常生活不可或缺的一部分，是生活之必需品、招待宾客之上品、馈赠之佳品，中国自古以来客来敬茶，以茶待客，喝茶已是日常生活中最简单最普遍的事情，它可以不受时间限制，也可以不受太多物质条件的限制。

3. 悠闲的茶馆生活　在我国茶馆既是一种产业又是一道风景,也是一种文化。茶馆之风,风靡中华而历久不衰。茶馆溯源,可至晋唐。以茶相会,可至五代时的汤社。但直至北宋,我国城市才打破了里坊制的格局,形成了全方位的开放。汴梁、临安等城市茶坊、茶肆比比皆是,茶馆文化的发展有了基础。后世承之,历元、明、清至今而不衰,在不同时期、不同地区,茶馆文化均展现了自己的风采。茶馆是茶文化传播的重要窗口,在茶馆中,文人墨客,清茶一杯,谈风论雅;芸芸众生,一茗在手,海阔天空。茶馆为八方信息汇集之地,是社会生活的缩影。人们坐在茶馆除得到美的享受,还能受到传统文化的熏陶而有利于人情练达。

如今,地无论南北、人无论工商、性别无论男女都有坐茶馆的习俗,他们把茶馆作为接收信息、了解社会、人际交往、亲友团聚、贸易往来、休闲娱乐的重要场所。我国的巴蜀地区、京津唐地区、江南古镇,上海、广州等大都市都是传统茶馆的大本营,具有浓厚的中国历史文化积淀。即便是茶文化薄弱的西北地区,随着社会经济发展,人们愿意放缓匆忙的脚步,平静一下浮躁的心情,在茶馆里得到文化熏陶和享受,已慢慢成为现代人的一种消费习惯,成为一种休闲文化。如笔者田野调查茶馆如下:

西宁自古属西陲边城,宋代尽管有政府的茶马司,但百姓喝的都是边销的黑茶,加之茶文化是隐逸文化,茶文化圈子中的人太少。近代茶文化兴起后,青海地区才有了茶文化的端倪。时至今日,传统文化回归,西宁的茶馆、茶楼如雨后春笋般兴起,茶客日益增多,壮大了茶人的队伍,增添了茶文化的内容,扩大了茶文化的影响,开始形成茶馆文化。同时,新时代的新茶馆文化也正在形成、发展。这些茶馆弘扬与繁荣了茶文化,促进中国传统文化的传播与发展,展现新时期青海茶人新风貌,继续在茶文化这条链条上宣传大美青海,具有一定社会影响力的青海茶人及他们的茶馆如下,按先后开馆顺序。

(1)马存莲与茶圣居。2012年起,台湾品牌茶圣居青海掌门人马存莲不仅把茶叶行业做得风生水起,给青海带来了高品质的茶品与茶馆文化,而且马存莲成为一名致力推广中国茶文化的形象大使。从2013年开始，她每年出资举办大型的茶事活动，促进中国传统文化的传播与发展，这对于致力传承中国文化的茶圣居来说，不仅能发挥出其文化底蕴的特色，而且能将优质和高性价比的茶产品推广给中高端消费人群。

（2）刘香山与香山韵。香山茶馆是以刘香山女士之名命名的茶馆，创建于2014年，现有营业面积700多平方米，集书茶馆、餐茶馆、茶艺馆于一体的多功能综合性大茶馆。在这古香古色、茶味十足的环境里可以品尝各类名茶、细点、青海传统风味小吃和佳肴茶宴，成为展示地方茶文化精品的特色"窗口"，创造了一个梦想中的茶艺馆。在这里，只有悠闲与宁静，只有轻松与自在，听悠扬的古筝乐曲，看精湛的茶艺表演，品馨香的好茶，享茶中偷来的半日悠闲。

（3）黄雪华与建宁茶业。青海建宁茶业在西宁已经过二十年的风雨沧桑，当茶文化兴起之时，掌门人黄雪华在胜利路开出首家实体店、旗舰店，方便与消费者交流，展示茶文化，门店年销售额1 000多万元，在同行业中名列前茅。如今，面临中国传统文化回归，新的茶文化变迁与新格局出现，黄雪华在海湖新区建立了"海湖茶城"，其中建宁茶馆营业面积1 000多平方米，是集中国各类名茶和茶具展示馆、茶馆、茶艺馆于一体的多功能综合性大茶馆。

（4）丁利民与醇臻茶室。对于56岁的"老茶泡儿"丁利民来说，这种神奇的"东方树叶"已然成为青海这方多民族杂居区域里的"文化使者"，"虽然青海并不是产茶区，但是青海人的婚丧嫁娶和日常生活里，却对茶有着独到的诠释"。祖籍山东的丁利民，是在青海长大的"援青二代"，退休后在青海省会西宁经营一间不大的茶室，取名"醇臻"，致力打造适合高原大众消费的茶品体验店：把复杂、专业和劳累辛苦的事情交给我们，使体验普洱茶的美妙成为每一个消费者轻松简单和开心放心的事。这就是我们的初心！适得佳茗，愿共尝之。

（5）马玉萍与翠屏春。翠屏春茶文化学校及茶文化教学馆由青海省茶行业协会会长马玉萍一手打造。她不单以茶为营生立命，更愿追求一份情怀——尊崇国学、茶文化，愿倾尽一生弘扬传统文化，愿倾尽所能推动大美青海茶文化事业，以茶阅知音，细品清香趣更清，屡尝浓酽情愈浓。

（6）陈武与茶语春秋。茶语春秋西宁茶舍位于海湖新区安泰步行街。茶舍采用新中式装修风格，将传统中式家具的古典精致和现代工艺设计的简洁大气很好的融合在一起，整个空间宽敞舒适，雅致清新。在这里，抬头可赏名人书画，静坐可尝陈年茶香。三俩知己，相对而坐，听古韵之悠悠，话情谊之绵长。亦可呼朋引伴，在温暖舒适的环境下一起享受美好时光。我们提倡抱朴守真的心灵追求，希望回归田园牧歌式的生活状态。闲、雅、逸是我们努力追求的境界，同时我们也想要传达一种理念：要精致的生活，但绝不要奢华的消费。

（7）王晓梅与云香唐。云香唐万达曼哈顿 B 座茶馆，从装修风格到经营理念，秉承着分享给朋友们真正的好茶，而不是商品，从敞开式的茶桌到每一泡茶，每一炉香，无不体现出一种茶文化的包容和关怀，让人在一种大家庭的感觉中找到人类所期待的群居般的温暖！在云香唐，倡导一种"雅室细语"，慢慢培养每个人的优雅素质。

（8）魏荣利与福茶馆。魏荣利对茶总是有种特殊的感情，从茯茶开始慢慢认识了绿茶、红茶、白茶、青茶等各类名茶，为了更好地交流与学习茶文化，2007年她在西门开设了一家茶馆。茶馆的开设受到有关部门和茶界人士的大力支持，2009年被青海省总工会命名为全省工会就业培训基地和西宁市职业技能培训基地。基地有幸得到茶艺专家李兴国老师和勉卫忠教授指导。尤其李兴国老师精心创作了《青海熬茶》茶艺，把高原人喜欢喝的熬茶，以高雅的茶艺形式展现出来，用"巍巍昆仑""盆地藏宝""祁连飞雪""三江润泽"等八道程序表现青海神奇风光和独特魅力的茶文化。《青海熬茶》茶艺表演在青海首届清真食品节开幕式上，把青海特有的文化艺术，以表演的形式再现了淳朴的青海人民的茶生活。在李老师带领下团队成功举办了三届全省职工技能大赛，产生了3名茶艺状元,15名茶艺技师,200多名获得茶艺师资格证书，曾多次参加省内外的公益茶事活动。如今魏荣利的生活更离不开茶，慢慢从茶中品味着人生，对茶有着像亲人一般的热爱，对大美青海茶文化传播奉献自己的一份力量。

（9）马国栋与咏青茶舍。咏青茶舍的前身是西宁市文化公园著名的咏青苑，咏青茶舍经过两年的精心筹备于2019年1月12日在海湖新区文景街开业，是一家集品茗休闲、餐饮娱乐、各种茶叶、茶具销售、茶文化展示、俊仲号普洱茶西宁独家代理的综合性茶馆。优雅安闲的情调，古风浓郁的江南庭院装饰风格，环境私密幽雅，在推杯换盏品茗就餐的过程中，品味人生的沉浮，聆听心灵的起伏起舞。这里没有喧嚣，没有浮躁，只有暖暖的夕阳斜照，还有氤氲环绕的茶暖心。于茶舍静坐，轻而易举就让心灵得到了安宁，获得了境界和智慧，获得了一盏茶的慰藉。

（10）马敏军与左茶右餐。左茶右餐茶馆是茶痴马敏军在"春夏秋冬一盏茶"的基础上发展起来的茶文化茶馆。马敏军热心茶文化公益事业的传播，从事茶文化事业十余年，给人最大的感受，就是说起茶叶来带着不容置疑的语气，几句话就能把人给震住。左茶右餐茶馆是青海地区茶宴文化体验馆，马敏军在这里继续着他的经典茶菜。她说，茶宴有三重境界，最初级的是龙井虾仁之类，看得见茶叶；第二重境界是茶菜不见茶，所有的菜肴里都有茶，但你看不见一片叶子，茶都有机地融入在菜里面了；第三重境界是茶宴文化，每道茶菜，都有其文化意义及审美情趣在里面。

茶、茶馆，是一种文化，也是一种生活。

茶馆是茶文化事业和休闲产业的重要窗口，对茶产品消费有重要拉动作用。通过茶馆的辐射功能，茶产业链之间的关系和茶产业与相关产业的关联度得到了加强。茶馆功能：一是休闲功能，二是商务功能，三是情感功能，四是教育培训功能，五是延伸服务功能。

二、享受的茶

指的是"琴棋书画诗香花茶"八雅文化和礼仪中的雅事。

茶自古以来就受文人墨客的喜爱。盛唐时流行文士茶道，在书房中品一杯香茗，茶香未散墨已研开，笔锋游走之间一日时光便已悄然而逝，正如茶籽落入泥土历经年月千年轮回。书法与茶早在千年之前在颜真卿与陆羽的品茗中就已结缘。书法与茶有着无数的交集，单就一个"茶"字经过不同书法家的演绎向我们展示着书法之美、汉字之美！

茶，是穿越古今最美的佳人：陆羽为茶写经，东坡为茶陶醉，宋徽宗为茶夜不能寐。茶是能喝的唐诗，茶是能品的宋词。

2015-2-12第4期由青海省书画收藏家协会赞助的青藏茶友报出版，主题是《书画与茶道》："人生四韵，琴棋书画"，人生八雅："琴棋书画诗香花茶"，这之中，书画和茶之间的关系更为紧密，一个是国粹，一个是国饮，一壶香茶，一幅书画，在心领神会的时候，最能唤起美好的知觉。三千年读史不外功名利禄，九万里悟道终归茶诗田园。我们需要——"中国式雅致生活"。

米芾茶字

郑板桥茶饮与书画并论。郑燮（1693—1765），字克柔，号板桥，江苏兴化人，清代著名书画家、文学家。作为"扬州八怪"之一的郑板桥，嗜茶如命，曾当了12年七品官，他清廉刚正，在任上，他画过一幅墨竹图，上面题诗：

衙斋卧听萧萧竹，疑是民间疾苦声。

些小吾曹州县吏，一枝一叶总关情。

他对下层民众有着十分深厚的感情，对民情风俗有着浓厚的兴趣，在他的诗文书画中，总是不时地透露着这种清新的内容和别致的格调。茶，是其中的重要部分，被称为茶怪。

茶是郑板桥创作的伴侣，他在一幅《墨竹图》轴上的题字，表达了他的心态："茅屋一间，新篁数竿，雪白纸窗，微浸绿色，此时独坐其中，一盏雨前茶，一方端砚石，一张宣州纸，几笔折枝花，朋友来至，风声竹响，愈喧愈静"，翠竹、翰墨、香茗、良朋，人生常能得此足矣。

板桥善对茶联，多有名句流传：

墨兰数枝宣德纸，苦茗一杯成化窑。

楚尾吴兴，一片青山入座；淮南江北，半潭秋水烹茶。

汲来江水烹新茗，买尽青山当画屏。

从来名士能评水，自古高僧爱斗茶。

白菜青盐粃子饭，瓦壶天水菊花茶。

在他的诗书中，"茶味"更浓。他所书《竹枝词》云：

> 溢江江口是奴家，郎若闲时来吃茶。
>
> 黄土筑墙茅盖屋，门前一树紫荆花。

这首词平白如话，看似信手拈来，却极为传神，极为感人。

另一首诗：

> 不风不雨正清和，翠竹亭亭好节柯。
>
> 最爱晚凉佳客至，一壶新茗泡松萝。

一心向往回故乡去吃莼菜，品清茗，读书作画，过自由自在生活，得到了不少文人的共鸣。

郑板桥喜欢将茶饮与书画并论，饮茶的境界和书画创作的境界往往十分契合。清雅和清贫是郑板桥一生的写照，他的心境和创作目的在《题靳秋田素画》中表现得十分清楚："三间茅屋，十里春风，窗里幽竹，此是何等雅趣，而安享之人不知也；懵懵懂懂，没没墨墨，绝不知乐在何处。惟劳苦贫病之人，忽得十日五日之暇，闭柴扉，扣竹径，对芳兰，啜苦茗。时有微风细雨，润泽于疏篱仄径之间，俗客不来，良朋辄至，亦适适然自惊为此日之难得也。凡吾画兰、画竹、画石，用以慰天下之劳人，非以供天下之安享人也。"相约品茗，喝不到一起的人，也很难走到一起，这一点郑板桥在其诗中作出了回答：

> 曲曲溶溶漾漾来，穿沙隐竹破梅苔。
>
> 此间清味谁分得，只合高人入茗杯。

在这个世界上，难得有清泉清茶这样方洁的珍物，而这些世间珍品，最适合品行高洁的人享用。郑板桥和他的茶友们爱茶、爱梅、爱兰、爱石、爱紫砂壶是他们通过这些物品来"君子比德"。他们自认为，自己虽非出生名门望族，虽非皇子王孙，虽非"金玉"之质，但他们品行高洁，心地善良，是高尚的人，懂茶的人，能珍惜人间清味的人。

古代君子有四雅：煮茶、焚香、插花、挂画，被宋人合称为生活四艺（亦有称"四事"者），是当时文人雅士追求雅致生活的一部分。此四艺者，透过嗅觉、味觉、触觉与视觉品味日常生活，将日常生活提升至艺术境界，且充实内在涵养与修为。这与现代人追求的生活美学与讲究个人品位的生活态度极为一致，亦与当今的东方美学主流意识不谋而合，民间的雅集活动逐渐兴起。

焚香一开始就从人们的生理需求迅速与精神需求结合在一起。在中国盛唐时期，达官贵人、文人雅士及富裕人家就经常在聚会时，争奇斗香，使熏香成为一种艺术，与茶文化一起发展起来。

陆游有诗曰：

> 官身常欠读书债，禄米不供沽酒资，
>
> 剩喜今朝寂无事，焚香闲看玉溪诗。

古人对焚香的要求是无烟却香味低回悠长，书斋庭院里，千古文人佳客梦，红袖添香夜读书。素腕秉烛，灯如红豆，一缕暗香，若有若无，流淌浮动，中人欲醉。迷离之中，阅尽多少繁华沧桑，又化作缕缕青烟。香气悠然里，或抱膝观书、或对坐清谈，都是古典中国隽永的意象。

自茶被发现及饮用以来，都被历代文人雅士所追捧。三五好友，聚于高山流水之间，品茗谈志，尽显中国文人之风。古人煮茶讲究火候。水煮得嫩、老与适中，加茶的时间与方法，煮茶的方式与"汤花"的好坏、多少，其关键是对汤候的掌握。许明然在《茶疏》中这样叙述道：

"水一入铫，便须急煮。候有松声，即去盖，以消息其老嫩。蟹眼之后，水有微涛，是为当时。大涛鼎沸，旋至无声，是为过时，过则汤老而香散，决不堪用。"

《茶经·五之煮》中也说："其沸，如鱼目，微有声，为一沸；缘边如涌泉连珠，为二沸；腾波鼓浪，为三沸。已上，水老不可食也。"

中国在近2 000年前已有了原始的插花意念和雏形。插花到唐朝时已盛行起来，并在宫廷中流行，在寺庙中则作为祭坛中的佛前供花。宋朝时期插花艺术已在民间得到普及，并且受到文人的喜爱，各代关于插花欣赏的诗词很多。至明代，我国插花艺术不仅广泛普及，并有插花专著问世，如张谦德著有《瓶花谱》，袁宏道著《瓶史》等。中国插花艺术发展到明代，已达鼎盛时期，在技艺上、理论上都相当成熟和完善；在风格上，强调自然的抒情，优美朴实的表现，淡雅明秀的色彩，简洁的造型。清代插花艺术在民间却得不到重视、发展和普及。"山家岁暮无多事，插了梅花便过年",中国人对于插花的情感要求可见一斑。

　　焚香重嗅觉之美,品茶重味觉之美,插花重触觉之美,而挂画则重视觉之美,四艺合一展现宋代文人雅士风雅、韵味的生活美学。"挂画"最早挂于茶会座位旁,内容是关于茶的知识,演变至宋代,挂画改以诗、词、字、画的卷轴为主,当时文人雅士讲究挂画的内容和展示的形式,作为平时家居鉴赏或雅集活动共赏的重要活动。

　　在回归传统的今天,传统四雅作为传统文化独特的一枝,已经融入我们的生活。有茶的地方就有幸福,在繁忙的都市生活中人们广邀好友同仁,以传承了几百年的雅韵,在内心寻一片新草泽地,嗅一抹山野花香。

　　2018年2月21日,由青海省茶文化促进筹备会发起,马岩书画社承办的茶香梅韵品鉴会在西宁举行。

　　梅花的气质是最令历代中国文学家、书法家、画家倾倒的,梅入诗、入画、入乐、入茶,是一种寂寞中的自足,一种"凌寒独自开"的孤傲。梅文化,就是咱们中国人在植梅、育梅、赏梅的过程当中,逐渐形成的一个文化系列。它源远流长、底蕴深厚、内涵丰富、品位高洁。于是,梅花成了中国花中的君子之一,中国人将梅、兰、竹、菊并称"四君子",又把松、竹、梅,合称"岁寒三友",所以梅花在"四君子"和"岁寒三友"里边都有一席之地,足以表明梅花在日常生活中的地位之重要。

　　出席茶香梅韵品鉴会的诗词文学家有青海诗词学会副会长张生富先生,青海大学马红晟教授,青海师范大学年轻诗人刘大伟教授。书法家有马思远、刘建平、马岩、沙雨农、石良友、韩继文、马德龙,以及画家妥秀英女士和林涛先生。

　　另外,青海茶文化促进筹备会副会长马存莲女士,高原秘书长,茶道表演部部长陈泓汝女士,青海微盆玩家马雪亮,爱心之帆会长将雪亮先生,城东区文史专员鲜仁杰先生,摄影家周义仁先生参加了品鉴会。

　　茶香梅韵品鉴会由青海茶文化促进筹备会负责人、青海师范大学勉卫忠教授主持。

　　品鉴会由四个部分组成:

第一部分——赏梅花之姿。

在悠扬的梅花三弄古曲中，大家欣赏了马雪亮先生带来的梅花微型盆景，并给大家讲解梅花盆景的护养方法。梅花集色、香、姿、韵等诸多绝妙于一身，最大的特点是不畏严寒、早春独步，迎凄风而怒放，独自傲然挺立，在大雪中开出满树繁花，幽幽冷香，随风袭人。

第二部分——梅花入画。

大家欣赏了由马岩先生和妥秀英女士创作的梅花图。马岩先生给大家讲解了梅花图知识，他说元代画家王冕，隐居九里山，植梅千株，自己种梅，然后自己画梅，他把自己的居所也题为梅花屋。他工于画墨梅，花密枝繁，行笔刚健。有时用胭脂做无骨梅，别具风韵。梅之婀娜身姿，清癯典雅，它象征着隐逸和淡泊，坚贞自守；而且梅干老辣苍劲，象征着不畏权势，刚正不阿。与古人冲寂自妍、不求赏识的孤清品格相符，所以画家常以清逸来表现梅花的神韵。妥秀英女士补充到梅有"四贵"，即贵稀不贵密，贵老不贵嫩，贵瘦不贵肥，贵含不贵开，所以稀、老、瘦、含为画家笔端展示梅之四美。

马岩梅花图

第三部分——梅花入诗。

魏晋南北朝时期，以咏花为题材的诗词曲赋非常多，而传世者尤以咏梅者最盛。历代文人墨客咏梅之作从不同角度、不同侧面入手，或咏其风韵独胜，或吟其神形俱清，或赞其标格秀雅，或颂其节操凝重。洋洋大观，不可胜数。品鉴会上大家不仅朗读了历代经典咏梅诗词，而且把自己独创的梅花诗奉献给大家，其中有马红晟教授的：

卜算子

昨夜寒风急，梦里雪纷纷，喜烹香茗邀月饮，有暗香盈盈。

才过腊月半，西北冰未开，原来江南梅山红遍，故人寄春来。

石良友先生的：

咏梅五绝

雪压枝劲挺，骨傲俏花红。

纵有谗言贬，凌风灿笑容。

勉卫忠教授的：

青玉案——念福州北峰梅花坞

时年闲鹤寻茶路，无留心、误梅处。

春浅新晴留人驻。

近疏古刹，远山孤渚，燕子片片露。

别来岁过春还幕，年年空记当时坞。

东南西北知几许。

梅开梅落，傲笑霜雪，亦为梅花悟。

刘大伟教授也给大家读了他创作的现代咏茶诗：

茶 树

我相信，它们是被前世

宠坏的诗人

喜欢山水灵秀，开出小小白花

只为弯腰的女子，描尽世间温柔

一场细雨，就可以降低

生命的坡度

它们站立，拒绝昂扬

用锯齿的弧线，连缀日月——

天地间，那些微微颤动的叶

终成风雨中，被苦涩紧紧包裹的

绝美诗篇

浮沉，卷舒，浑澈……

它们未行半步，却告诉我

杯水如世，人恒孤独

第四部分——梅花入乐与茶香梅韵。

大家一边欣赏古琴曲梅花三弄，一边欣赏由茶艺师陈泓汝女士表演的茶道。乐曲以梅为题，首推是《梅花三弄》，又名《梅花引》《玉妃引》，《梅花三弄》借物咏怀，通过颂扬梅花的洁白、芬芳和耐寒等特征，象征赞美具有高尚节操的人，清代"扬州八怪"都是嗜茶如命，他们既是画友，又是茶友，时常相约鉴泉品茗，其中郑板桥称为"茶怪"，汪士慎被称为"茶仙"。汪士慎精于篆刻和隶书，工画花卉，尤擅画梅，笔墨疏落，气清而神腴。

茶香墨韵，茶炉梅香，今天我们以赏梅、画梅、写梅、咏梅来抒发茶情，只为共有一个"清"字，画尽茶人的洒脱，吐尽文人之胸臆，大家互勉自己精行俭德、推能归美，只有高尚的人，懂茶的人，才是能珍惜人间清味的人。

马思远，回族书法家和收藏家。嗜茶如命，家中专设茶室，收藏老茶、茶具。经常在家举办清雅、闲适的家庭茶宴，佐茶食、菜肴，聚书法家、画家、学者，贤达诗情画意、意趣盎然，交流心得，切磋技法。先生不仅喜欢喝茶，而且也热心于茶文化传播，创作了许多茶文化书法作品，美化了茶室空间。

2016年回族书法家马思远先生家里茶事活动

喝好茶本身就是享受，好喝的普洱山头茶给口腔与身体带来了愉悦。

《七碗茶歌》又称《七碗茶诗》，是唐代诗人卢仝的作品，也是《走笔谢孟谏议寄新茶》中最精彩的部分。它写出了品饮茶给人的美妙意境，七碗茶歌如下：

> 一碗喉吻润，两碗破孤闷。
>
> 三碗搜枯肠，唯有文字五千卷。
>
> 四碗发轻汗，平生不平事，尽向毛孔散。
>
> 五碗肌骨清，六碗通仙灵。
>
> 七碗吃不得也，唯觉两腋习习清风生。

茶与婚礼。茶与婚礼的关系，简单来说，就是在婚礼中将茶作为礼仪的一部分。从古到今，我国的许多地方，都有在婚礼的过程中以茶为礼的风俗。唐朝时，饮茶之风甚盛，茶叶成为婚礼中必不可少的礼品。宋朝时，茶由原来女子结婚的嫁妆礼品演变为男子向女子求婚的聘礼。至元明时，"茶礼"几乎成为婚姻的代名词。女子受聘礼称"吃茶"，姑娘受人家茶礼便是合乎道德的婚姻。清朝仍保留茶礼的观念，有"好女不吃两家茶"之说。由于茶性不二移，其开花时尚在，称为"母子见面"，表示忠贞不移。如今，我国农村许多地方仍把订婚、结婚称为"受茶""吃茶"，把订婚的定金称为"茶金"，把彩礼称为"茶礼"。

在婚礼中用茶为礼的风俗，也普遍流行于各少数民族。蒙古族订婚、说亲都要带茶叶表示爱情珍贵。回族、满族、哈萨克族订婚时，男方给女方的礼品都是茶叶。回族称订婚为"定茶""吃喜茶"，满族称"下大茶"。在汉族的婚礼中，茶用于新郎、新娘的"交杯茶""和合茶"，或向父母尊长敬的"谢恩茶""认亲茶"等仪式。

茶被人们用来行礼仪、明礼节，作为礼俗的最好载体，形成以茶待客、以茶为媒、以茶馈赠、以茶下聘、以茶随葬等茶礼事项，其外延不断扩大，形成广为人知的具体的可见的茶礼，我们将它称之为"狭义的茶礼"。广义的茶礼形成一种以"礼"为核心的文化内涵，是茶叶冲泡技术与艺术中所体现的社会规范与典章制度的融合，是文明教养与交际准则，是茶叶、茶道、茶艺精神的凝华，是茶人的仪表、风度、神态、气质的生动体现，将其上升到精神层面上。当代女性作为社会的半边天，与茶礼有着不解之缘，学习茶礼，弘扬茶礼已成为女性日常生活中不可或缺的一部分。

茶礼作为中华传统文化的有机组成部分，是精神文明的产物，起着陶冶人类道德情操的作用。蕴含在茶礼中的传统道德标准与女性修身养性的价值观念极为契合，通晓茶礼有助于女性形象气质的提升，使她们去完善自我的行为、礼貌、礼节、仪表、仪式等，做到"诚于中而行于外，慧于心而秀于言"，把内在的道德修养和外在举止行为有机地结合起来，彰显自我的良好气质，使女性通过饮茶和学习茶礼达到明心净性，增强修养，提高审美情趣，形成高雅的礼仪修养，完善人生价值取向。茶礼可以使现代女性调节好自己的心态，静下心来，以一种积极向上的心态去迎接社会和生活中的各种挑战。学习茶礼，可以使女性潜移默化地陶冶情操，升华思想，提高文化素养。

学习茶礼贵在学习其内在品质，学习茶礼的情操之美，学习茶礼所蕴含的高雅意蕴。

茶与节气。我国汉族还有种种以茶代礼的风俗。南宋都城杭州，每逢立夏，家家各烹新茶，并配以各色细果，馈送亲友毗邻，叫做"七家茶"。这种风俗，就是在茶杯内放两颗"青果"即橄榄或金橘，表示吉祥如意的意思。

河湟地区虽不产生茶，但自古至今各族群众皆喜欢饮茶，茶俗茶事民间很兴盛，茶亦是家务，也是雅事。当城市现代化与中国古代传统茶生活相分离，远在丝绸之路与茶马古道途径的河湟地区，尊古而饮的茶俗与茶道修养依旧有着生命力，河湟社会中的"熬茶"和"三泡台"，便是茶文化中一道亮丽的风景线，也是具有广泛的普遍性（生活化）和民族性。

河湟人喝熬茶，特别注重在熬好的茶里适量加一撮盐，起到调味的作用，加入盐，方觉够味，正所谓"茶没盐，水一般"。除加盐外，河湟地区的老年人往往在茶里加入荆芥，同时加入草果、姜皮、花椒等调料，使香气更浓，这样熬出的茶，广泛应用于日常饮用和待客之中，因其在茶中没有调入牛奶，故又称之为"清茶"，相反如果在熬茶时调入鲜牛奶，则称之为"奶茶"。当熬茶的茶叶漂浮时，调入鲜牛奶，熬煮至浮花飞溅，顷刻屋里弥漫着淡淡的奶香及茶叶、盐和各种调料的芬芳，香味冲入鼻孔，沁入心脾，这种茶，甜中带咸，浓而不腻。

喝熬茶讲究浓汁滚烫，慢饮细啜。如逢过节或喜丧之事，敬客一定要在把盅中放入两颗大红枣。浓白色的奶茶中浮着两颗大红枣，味色俱全，呷上几口，缓缓品啜，如同口里含珠，舌头在嘴里轻轻滚动，味道干鲜，齿颊留香，回味无穷。茶后细嚼枣泥，甜中味酸，奶香满口。顷刻，一种精致而微妙的"神韵"，从心灵上发现，是物质，还是精神？其中丰富的变化，让茶人自己去领悟[1]。

河湟人喝三泡台不像熬茶那样，只是慢饮细啜，而是有一套较为雅致的饮法。做客饮茶，注重姿势。一般一手抓住茶船端起，送至面前，另一手用盖子"刮"几下，不能用气吹飘在上面的茶叶，然后把盖子盖得倾斜一点，再细细呷饮，不能端起盖碗接连吞饮，也不能对着杯盅喘气饮吮，要一口一口地慢饮，还要时不时"刮"一下茶叶，故而称为"刮碗子"，喝盖碗茶一般不把茶底水喝净，要留一点，这样便于保留茶香，主人也好给客人继续添水，这一套动作得潇洒与否，可表现出一个人的中国文化修养，真可谓是茶亦人诗入画，浸润着文人墨客的笔端胸臆。待客添水，注重随喝随添，不能等喝完再添。敬茶时，要当客人的面，将碗盖揭开，在碗里放入饮料，然后盛水加盖，双手捧送，一般客人慢饮一两口，主人就要为其添水。频繁的添茶，更显主人的殷勤礼貌。

三泡台茶配料

---

① 勉卫忠，2017. 茶缘. 青海党的生活，（5）.

当茶客端起冲泡好的色、香、味俱佳的三泡台，啜一口满嘴噙香，顿时沁入肺腑。品尝三泡台的好处，除了观赏冲泡艺术的享受之外，冲泡之后，既能保持碗中茶水温度和茶汤的色、香、味，又可以通过打开茶盖，调解茶的溶解速度，及均匀度。如渴时急于饮用，只要打开茶盖向茶碗面上轻轻地搅动，或刮刮茶碗面上的水，让碗内茶叶上下翻动，加快溶解速度，散发热气，便可品尝到一口浓郁的香茶。同时，还可以观赏到碗中茶汤的色泽，茶叶的形状，令人赏心悦目。如要慢斟细啜，可以先取开茶盖闻香气，然后再盖上茶盖待会儿，再把茶盖与茶碗拉开相隔一定的距离，一口一口地细细品茗，令人爽心惬意[①]。

三、境界的茶

在古代，茶包含着文人的清淡文雅之风。在佛家看来，茶则是禅定入静的必备之物。

中国人在唐代以前，就已经将饮茶作为一种修身养性之道，唐代《封氏闻见记》有记载说："茶道大行，王公朝士无不饮者。"这是现存文献中对茶道的最早记载。茶要被沸水烫过后才有浓香，人生也要历经磨炼后才能坦然，杯中茶由浓变淡，正如修行的人把世间的功名利禄渐渐看淡，人生如茶，亦如修行。修行之人有"禅茶一味"说法，所谓"禅茶一味"，指的是禅和茶的根源是一体的，禅的本源是人，而茶的本源是一片叶子。一片鲜活的叶子被放在热锅上炒，目的只有一个，就是保存住这份鲜活，不让其腐烂。而人在这个世界上何尝不是被"贪""嗔""痴""慢""疑"这五欲煎炒？有哪个大彻大悟的人没有经历过这种种磨难呢？《红楼梦》中的贾宝玉不就是在经历了诸多的磨难后，对世间事大彻大悟，遁入空门修行了吗？智者觉悟，成了修行的人，就像叶子被翻炒了无数次后，终于成了茶。

成了茶不是只为了成为茶，就像修行者不是只为了成为修行者一样。修行是为了普度众生，茶成为茶是为了把芬芳留给大众，这都是一种奉献，

---

① 勉卫忠，2005. 茶影响下的回族文化. 农业考古·中国茶文化专号（4）.

一种大爱。茶被放在开水里浸泡，便成了香茗。喝茶虽说是俗事，但能从茶里领悟到人生真谛，如若动了禅心，喝的茶就不是俗茶，而是禅茶了。

中国的茶文化由陆上丝绸之路和海上丝绸之路传播到了伊斯兰国家，与其结缘，饮茶之风逐渐兴盛起来，茶已成为伊斯兰国家饮食文化的一部分。①

2018年12月25日上午，为弘扬中国传统文化，倡导文化自信，践行习主席"品茶品味品人生"与"清茶一杯，手捧一卷，操持雅好，神游物外"的境界，引导全民健康饮茶与修身养性，由南关清真寺主办"茶为国饮，品味生活"茶文化专题讲座。

本次入清真寺普及与传播茶文化公益活动的有青海师范大学人文学院勉卫忠教授，并代表茶界做了茶文化基础知识、健康饮茶的主题演讲。五一茶城林福记茶庄、玉山茶府、仙仙雅舍、江南书院、咏青茶舍茶专业人员现场做了泡茶分享。青海省茶业公司、全国茶馆青海秘书处醇臻茶馆、茶圣居青海分公司给阿訇等教职人员赠送安化黑茶、普洱茶、台湾乌龙茶共计27份。茶人书法家马思远、高宏亮、王兴隆先生给清真寺赠送茶书画作品。摄影家黎克明先生做了公益摄影工作。本次茶事活动，传播了茶文化知识，引导了全民健康饮茶，弘扬了中国传统文化，倡导了文化自信。

茶是弘扬中华传统文化灵魂鲜活起来的最好载体，承载了中华民族的美德，是人类社会的血液，是超乎国家、民族、宗教、信仰、语言、人种、性别、年龄等界限的全人类的良知和财富……

马思远先生茶书法

---

① 勉卫忠，2012. 茶的西传及对伊斯兰文化的影响. 中国茶业（11）.

书法家高宏亮和金镖教长一起弘扬茶文化

　　茶圣陆羽一生结交达官显贵，帝王拜其官也不受，他"不羡黄金罍，不羡白玉杯，不羡朝入省，不羡暮登台。"提出自我茶道修养的最高境界是"精行俭德"，也就是指那些追求"至道"的贤德之士。"精行"是指行事而言，茶人应该严格按照社会道德规范行事，不逾轨；而"俭德"是就立德而说，茶人应该时刻恪守传统道德精神，不懈怠。更可贵的是他提出了茶人与人交际的处事修养——"推能归美"，意思就是要善于发现他人的美，时时看到他人的能与才，真心推崇他人之能、之才，不忘成人之美。茶如人生，空灵平静，居闲趣寂。

　　习近平总书记强调，文化是一个国家、一个民族的灵魂。"中国特色社会主义文化，源自于中华民族五千多年文明历史所孕育的中华优秀传统文化，"[①]这就需要我们加强文物保护利用和文化遗产保护传承。近十年来，传统文化散发出顽强的生命力，在学术界的认识也正在发生变化。关于传统文化的书籍、刊物、论文以及课题、项目等如雨后春笋般出现。葛剑雄教授认为，"不是所有的过去存在的文化都叫"传统文化"，它应是过去长期存在的文化，稳定且占主流，对待传统文化要做好传承。"[②]茶作为国饮，是最普遍、最具代表性的日常生活饮品，延续至今，在日常茶饮发展中形成了丰富多彩的饮茶文化，进而演变成为中国礼俗的一部分。习近平主席对

---

① 习近平在中国共产党第十九次全国代表大会上的报告，2017年10月18日共产党员网。

② 葛剑雄：《对待传统文化，要分清"传"和"承"》，《意林文汇》2018年第22期。

茶的认识远远超过了我们，他说"茶在中国人眼里茶是一种生活、一种享受、一种境界"，茶是弘扬中华传统文化灵魂鲜活起来的最好的载体，茶承载了中华民族的美德，是中华民族共享的文化符号。2021年22日习近平总书记，到福建武夷山市星村镇燕子窠考察调研生态茶园，察看春茶长势，了解当地茶产业发展情况，在武夷山朱熹园，习近平总书记指出，我们走中国特色社会主义道路，一定要推进马克思主义中国化。如果没有中华五千年文明，哪里有什么中国特色？如果不是中国特色，哪有我们今天这么成功的中国特色社会主义道路？我们要特别重视挖掘中华五千年文明中的精华，弘扬优秀传统文化，把其中的精华同马克思主义立场观点方法结合起来，坚定不移走中国特色社会主义道路。

第三章

生命周期的茶文化传承与构建

中国传统文化的传承是近年来学者探讨的一个重要问题，茶文化作为中国最普遍、最具代表性的中国传统文化鲜活载体，从一个新生命的诞生至消逝，在人的生命历程中扮演着重要角色。基于学界鲜有以个体生命周期中的中国传统文化传承为视角，通过个体生命周期的茶文化传统为研究对象，通过茶文化的传承过程，试分析中国传统文化如何传承问题。

鉴于此，本书以个体生命的茶文化视角来研究中国传统文化传承，力图突破对于传统文化事物的本体研究，将茶与个体生命周期相联系，以小视角探寻大视角，以期对中国传统文化的传承有进一步的思考。笔者根据茶文化个体传承特点，将生命周期划分为儿童期（0～10岁）、青春期（11～18岁）、青年期（19～35岁）、中年期（36～59岁）、老年期（60岁以上），以个体生命周期中的中国传统文化传承为视角，将田野调查点主要放在产茶区四川苍溪县和不产茶的青海西宁市，通过个体生命周期的茶文化传承为研究对象，通过茶文化的传承过程，试分析中国传统文化何以被传承问题。

第一节　0~35岁：茶式教养与茶结良缘

一、茶式教养（0～10岁）

我国古代社会早期认为孩子是神赐的，是行善积德的结果。随着父系血统的家族制度的演进，个体生命的诞生越来越受到重视，而茶在诞生礼仪里是重要的文化载体。现代社会儿童一出生，茶文化便扮演着重要的角色。

1.茶叶开面　我们调查的四川苍溪县两河村新生儿接生的礼仪丰富完整，其中有大量茶文化的运用。

小孩一出生，第一个来看望产妇的客人，主人家欢喜地称她（他）为"逢生人"，并给"逢生人"敬上一杯米花糖茶，以表谢意，都认为此茶喝下，可以辟邪、祈福，小孩一出生就得到了"茶图腾祖神"的护佑。此外，家里的长辈还会准备小红纸包，里面包着红茶七叶和白米七粒，分发给前来道喜的亲朋好友，亲朋好友收到红包，也是沾喜庆回以礼钱。主人家一般将收到的礼钱，买一把正面写有"百家宝锁"，反面写有"长命百岁"的小银锁，挂在孩子的脖子上，认为孩子戴上这锁可驱灾辟邪，保延寿命。

新生儿诞生的第三天，按地方习俗，要举行"洗三"仪式，洗涤污秽，祈祥求福。一般是请有经验的老妇给婴儿沐浴，除了熬制艾水（用料有槐条、蒲草、艾叶、蒜叶等），还要准备青茶叶、铜茶盘、金银锞子、香炉、黄钱、油糕等用于整个"洗三"的仪式。将槐条、艾叶熬成的澡汤盛在铜盆中，家人依尊卑长幼往盆里添一小勺清水，再放一些钱币、红枣、桂圆等，叫作"添盆"。如果添的是金银锞子和硬币，就放在盆里；如果是纸币，就放在茶盘里。随后，拿棒槌在盆里搅拌后才开始"洗三"。"洗三"要洗得干净洁白，不然孩子长大后皮肤粗糙容易皲裂。沐浴完成之后，将孩子托在茶盘里，把事先准备好的金银锞子和首饰往孩子身上一掖，"左掖金，右掖银"，暗示孩子将来福大禄大财气大。

到孩子满月时，要举行"搽茶剃胎毛"仪式：剃胎毛先敬清茶于堂上，待茶稍凉后，主持仪式的妇女（一般是村中有经验的长者）就边蘸茶水边在孩子额头上轻轻揉擦，然后才开始剃发，称作"茶叶开面"。剃完后再用茶水抹头顶一遍，预示着新长出来的头发会浓密乌黑有光泽，也有早开智慧的用意，而后将剃下来的胎毛用红布包起来，缝在孩子枕头或衣服里，用于辟邪压惊。

由此可见，茶在这些保留下来的接生仪式中，均占据着一席之地，是我们传统文化中不可或缺的重要组成部分，对于研究和传承中式接生礼仪，具有重要的价值。

2.启蒙教育 茶与儿童启蒙教育的关系近年来引起学术界广泛关注。启蒙教育阶段是孩童智力及身心发展的关键时期，直接影响孩子独立人格的形成及正确价值观的建立。中国茶文化博大精深，是中国传统文化的重要组成部分，将茶文化融入启蒙教育，有利于从小培养孩童的认知能力、精神品格，对于传承中国传统文化，建设社会主义精神文化有着重要推动作用。

四川省苍溪第一幼儿园，强调从娃娃抓起传承传统文化，幼儿园教师在教学过程中，将茶文化的元素与教学设计相结合，激发孩子的兴趣。据园长介绍：

幼儿教学要采用形象性、趣味性相结合的视听学习方式。首先我们会教小朋友唱采茶歌、编排采茶舞，在县里汇报演出时我们的采茶舞还获得了一致好评。其次，我们会向小朋友讲述有关茶的童话故事及神话传说，并教给小朋友关于茶的古诗、诗歌等。此外，我们还会设置有关采茶、喝茶的情境，让小朋友进行角色扮演。

《采茶歌》：啦啦啦啦啦啦，啦啦啦啦啦啦。太阳出山乐悠悠，鸟儿叫连天，拿起竹篮上南山，早上的露水还没干。一步一步赶，不觉到茶园，见到邻居和伙伴，互相点头问早安。风和日丽好天气，白云似柳絮，茶叶满山嫩又绿，采茶的姑娘心欢喜。一把一把采，装进竹篮里，采到中午去休息，说说笑笑真有趣。

在启蒙教育中推广茶文化，是当下越来越多的幼儿园争相借鉴的一种教学模式。有利于儿童的成长与发展，在激发孩子对茶文化兴趣的同时，培养他们良好的道德品质，推动身心健康发展，也对中国传统文化的传承起到了积极的作用，具有极大的现实意义。

二、茶式成人（11～18岁）

青春期是儿童逐渐发育成为成年人的过渡时期，在其18岁时会迎来成人礼。在古代，冠礼是男子的成人礼，笄礼是女子的成人礼。虽然我国早已废除了冠礼、笄礼，但在关于冠礼的文献记载中，如《诸罗县志》中有关于行"敬茶"的场景："既冠，拜先祖；仿告庙也。次父母，父醮以酒，申戒辞；仿醮席也。次诸父兄宾长，诸父兄宾长皆答焉，重成人之道也。 笄，不用妇人为宾。女盛饰拜谒，略与婚同；醮酒，母命之。是日教以跪 拜进退，献于舅姑尊长之礼，谓之教茶。"[①]敬茶是礼仪文化的象征，可见古 代孩童长到一定年纪需懂礼仪，学奉茶，敬尊长。

茶礼和成人礼的结合，自古有之，茶礼中渗透的"人生如茶"的道理 及美心修德的情操是步入成人之龄的重要一课。四川省苍溪高级中学，每 年为高三的孩子举办"茶式成人礼"动员大会，引导学生了解从茶的起源、 茶的种类，到泡茶、品茶及茶的礼俗，同时向到场的父母（或长辈）敬茶， 拜谢养育之恩。通过一系列茶文化的学习，感悟茶礼，感悟人生。

学校的老师告诉我们："当代年轻人受新潮文化影响，缺失传统文化底 蕴，学品茶，悟茶礼，是给年轻人最好的成人礼。"

此外，在雪梨山上的一片茶园，是学校的劳动实践基地，每周五下午 由老师带队到茶园进行劳作，夏秋两季以锄草为主，到了采茶季便带领学 生采茶、加工，并开设茶文化课程，学习茶文化。

令人欣慰的是，在当代教育中，学校教育注意到了茶礼在成长过程中 的重要性。这里的"茶礼"，并非狭义的学会茶事礼仪、茶礼是一种礼仪、 一种心境、一种责任的象征。中国茶礼中蕴含着儒释道三家思想的精华， 儒家讲究的和美，道家追求的自然纯朴，佛教强调的修身养性，都在茶礼 中得到体现。通过"茶式成人礼"的活动，寓身心双重体验，可以强化青 少年的民族认同感，使他们明识自身及社会角色，提升他们与人和谐相处 的能力，做到规范举止，立德为人、立志成人。

三、茶结良缘（19～35岁）

茶与婚配的联系学术界研究比较丰富，吴成国、喻学中的《茶礼与聘 礼》中认为唐代文成公主远嫁吐蕃松赞干布时，就有茶叶作为嫁妆。到了 宋代，吴自牧在《梦粱录》中也有对杭城婚俗的记载："若丰富之家，以珠 翠、首饰、金器、销金裙褶，及缎匹茶饼，加以双羊牵送，以金瓶酒四樽

---

①　周钟瑄，1962. 诸罗县志. 北京：中华书局.

或八樽，装以大花银方胜，红绿销金酒衣簇盖酒上，或以罗帛贴套花为酒衣，酒担以红彩缴之。"①明末冯梦龙在《醒世恒言》中，也多次提到男女青年以茶行婚聘之事。"茶作为一种吉祥物，被人们赋予种种美好的象征意义，成为青年男女交往的纽带和婚俗礼仪中的必备之物。茶礼的形成，无疑使中华民族千姿百态、色彩纷呈的古老婚俗更加绚丽多彩。"②时至今日，产茶区的四川、福建、浙江，以及不产茶的甘肃、宁夏、青海、新疆等地仍大量保留了借茶结良缘的习俗，具有其研究价值。

笔者从结婚前、结婚时、结婚后进行分析：

结婚前，主要是定亲。一般由媒人向男女双方家长提议，同意后则托人密访见面，如果双方都同意，则请媒人取女子生辰与男儿生辰给算命先生"合八字"，无相克，可议婚。合上"八字"后，男方即请媒人带上一定数量的聘礼去女家认定婚约，称为"下茶"；而女方接受聘礼，则称"受茶"，若女方不接受，则要将聘礼悄悄退回，称为"退茶"。

结婚时，迎亲队伍来到新娘家以后，新娘家准备的称为"送亲茶"。第一道是姜茶，寓意祛风御寒，逢凶化吉；第二道是甜茶，寓意婚后生活幸福甜蜜；第三道是苦茶，寓意婚后靠自己努力去经营生活。此外还有茶点、水果、香烟、糖果，以及母亲亲自煮的汤圆，招待新郎。到了新郎家之后，又有"迎亲茶"。第一道为"百果"、第二道为"枣子"、第三道才是"茶叶"，取其早生贵子、至性不移之意，前两道茶都是敬完神龛和公婆后，将茶碗往嘴边一触而过便由家人收走，第三道茶才夫妻相对一饮而尽。婚礼仪式上，新郎新娘双方要向父母敬"改口茶"，公婆在接受拜谒后，要给见面礼，俗称"茶包"。在宴席上，由婆婆和新郎引领新娘去向亲属敬茶（或敬酒），称为喝"新娘茶"，寓意从此就是一家人。结婚当晚，新婚夫妇要喝交杯茶，以红枣、花生、桂圆等入茶，寓意早生贵子。

结婚后，新婚夫妇或双方家长要用茶来谢媒，因在诸多谢礼中，茶叶是必不可少之物，故称"谢媒茶"。三日之后，新娘要携同新郎一起回家，称作"回门"。新郎要给岳父岳母留下好印象，在礼品上都要事先有所准

---

① 吴自牧，2004. 梦粱录. 西安：三秦出版社.

② 胡长春，1996. 中国古代婚俗中的茶礼. 农业考古（2）：65-70.

备，多以茶叶、烟酒、保健品为主。

"按中国的习俗，从雁到茶，礼物在人生的婚姻大事中，自提亲开始便是不可或缺的。"①随着社会经济关系的变更，婚俗中的茶礼也在不断衍变，婚礼简化使得很多传统的习俗现如今已不见踪影。但通过调研我们发现，在简化后的婚礼仪式中，茶仍占有一席之地。究其原因有三：一是因为茶树籽多，有婚后多子多福的寓意；二是茶树不能移植，有至死不渝的寓意；三是因为茶叶清香醇郁，有婚后生活幸福美满的寓意。总体说来，茶是新婚夫妇甜蜜生活最好的载体。

第二节　36~59岁：品茶品味品人生

人到中年，更加喜欢喝茶和爱好茶文化活动，茶叶消费最大的群体就是这个年龄段。

从人类学的角度来看，这与茶彰显的个人素养、社会地位、经济文化功能及茶道养生功能密不可分。和传统社会不同，现代社会受功利因素的冲击，现代人群开始追求财富、声誉、修养，将社会性价值追求放到更重要的位置。茶由于其本身的价值及内涵价值，就自然而然成为现代人群追求社会性价值的重要媒介。

一、个人修养

中年群体拥有一定的资本，转而注重精神层面的自我修养。茶融汇了自然社会科学与儒释道诸家"和"的深刻哲理，通过饮茶可以明心净性，追求高雅的精神文化，达到精神上的洗礼和人格上的提炼。唐代陆羽在《茶经》中提出了最早的"精行俭德"茶德标准，唐代刘贞亮也具体阐述了茶道，他认为"以茶可雅行，以茶可行道"，当代茶学专家庄晚芳也曾提出"廉美和敬"的茶德标准。古人重修身格物，陶冶情操，中国传统的"八雅"包括琴、棋、书、画、诗、酒、花、茶，每一种都代表着古代文人

---

① 胡戟，1995. 茶与婚姻. 农业考古（2）：147-148.

的生活方式，无贫富贵贱之分，可以素朴简约，也可以精致堂皇。穷则独善其身，达则兼济天下，既有入世的理想主义，也有出世的豁达心境。流传至今，亦是如此，经济条件好的追求好茶叶、好茶具，经济条件普通的，一只老茶杯，照样喝得超脱从容。

如今，以茶为中心的诸如交流品鉴、吟诗作画、弹琴下棋等"八雅"活动广泛开展。据调研，各省各地方的茶文化组织经常发起茶文化交流品鉴会、茶香梅韵品鉴会等茶事活动，邀请知名的书画家、诗词文学家、收藏家、茶艺师、民乐演奏者等齐聚一堂。专业茶师解说茶礼，茶艺师进行娴熟、温婉的茶道表演，民乐演奏者弹奏悠扬的古琴及现场作画，文学爱好者深谷幽兰从古典文学中的散文类、韵文类和小说戏剧类解析茶文化在历史长河中源源不断的文化底蕴等。

2016年仲夏，在烟雨朦胧中，青海省著名文化学者谢佐、喇秉德等专家，以及书法家沙雨农和茶文化爱好者十余位齐茗湟水北岸黄河书院，参加"书法与茶"品鉴会。由茶艺师李宏主泡闽北乌龙水仙与肉桂：水仙清爽的醇，淡而悠长，细而持久。香味也很远、很飘，仿佛要屏住呼吸才能慢慢靠近。像是茶中仙子，等你回过味来她已缥缈而去，只留下神韵让你回味不已。肉桂奇香异质，似桂皮香。开泡即香味冲天，锐而浓，香中带着股辛烈味，个性鲜明。茶汤初入口会有轻微苦涩，但很快回甘，而且留韵长久。茶与书法的联系，更本质的是在于两者有着共同的审美理想、审美趣味和艺术特性，两者以不同的形式，表现了共同的民族文化精神。

中年群体注重修身养性，他们乐于参加茶事活动，通过学习，提升自身的修养与情操，对茶文化的传承起到了推动作用。

二、人际网络

用喝茶方式，营建着自己的"茶友"关系，在喝茶基础上人们延伸着人际关系。从泡茶到品茶，种种细节都可以随便聊开。若是碰到爱茶之人，更显话题投机，一来二往，人脉、经济资源得以交换整合，达到共赢。

茶是生意场上聚人脉、享资源、显地位的重要媒介。茶友们认为：

茶是水，水是财，喝茶既能聚人气，又能聚财气。对于中年人士而言，人气和财气都是必不可少的。故而经商处事之法门，还需不时"问茶求道"。

喝茶的人特别强调"万丈红尘一杯酒，千秋大业一杯茶"，谈生意时，一般不会开门见山地谈钱谈条件，不论喝酒还是喝茶都成了话题的引子。比起酒桌上难以自持，逞一时之快，现如今越来越多的人选择在茶桌上谈生意，可以让交易变得不那么仓促，有礼有节，考虑得周全得当，互惠互利。

茶台也是一种人际交流的文化平台，可以聚集文化人，促进文化交流。

茶友们还积极参与慈善公益事业，积极为需要帮助的人伸出援手，表达对社会的责任与担当。

三、社会角色

在传统背景下，消费者的消费行为长期受儒家"行为地位一致"价值观的影响，认为自己的消费行为应与身份地位相匹配，在这种文化的影响下会特别爱"面子"。有权力地位的人通过消费彰显自己的身份和地位，无权力地位的人通过消费进行心理补偿。这充分体现在中年人群烟、酒、茶等消费上，主要从喝茶的场所、喝茶的品种、穿戴等方面入手。如果是跟自己熟悉且社会地位相似的人喝茶，那么一般会选择约定俗成的茶馆，穿戴也会比较随意。如果是跟自己不太熟悉或身份地位高于自己的人喝茶，那么就会有所讲究。穿戴方面，男士会戴上品牌手表，女士则会戴上名贵的首饰。在茶馆的选择上也会倾向于更高档的茶馆。

穿着打扮、娱乐活动的档次会影响其社会阶层，喝什么茶，抽什么烟，戴什么表，开什么车，这就是中年人身份地位的象征。在茶馆的选择上，茶友也是有圈子的，固定的圈子、固定的人、固定的茶馆，不熟悉的人很难融入别人的茶友圈中，一旦融入，便意味着身份、地位的认可。

笔者上文提到了喝茶谈的是生意，与此处的社会地位相呼应。中国人很看重"第一印象"，通过社会地位的彰显，会给对方留个好印象，在生意合作的洽谈上也会增色不少。

四、文化认同

马戎先生在《中国民族史和中华共同文化》中将"文化"划分为三个

层面，"第一个层面是全球性的文化，第二个层面是指国家内部经过不断整合而产生并立足本国境内社会的特有文化，第三个层面是内部各类群体拥有的文化。"①中华民族是多元一体的民族，茶自古就是推动各民族经济、文化往来的重要媒介，更是促进文化认同感的重要载体。自唐宋时期，内地就开始将茶叶输往藏区，茶马古道开始兴起，茶叶是茶马古道上最重要的交易物品之一。茶马交易从隋唐始，至清代止，千百年来促进了各民族的文化认同感。在各民族交流融合的今天，茶是拉近彼此关系的重要媒介。

茶桌上不分民族和地区，藏族的酥油茶、蒙古族的砖茶、彝族的烤茶、满族的盖碗茶、福建的乌龙茶、云南的普洱、浙江的龙井、安徽的毛峰、湖南的黑茶、四川的竹叶青……全国各地，各个民族，无不爱茶。我们在进行田野调查的过程中，也总会受到一杯茶水招待，这杯茶能拉近我们与被访谈人之间的距离，中华民族的茶文化是共通的，茶文化的认同，亦能推动彼此的民族文化认同感。

五、茶道养生

《茶经》有云："茶之为饮，发乎神农氏。"自古以来，中医药家对茶的养生保健功效就有着丰富的认识。人到中年，逐渐注重保健养生，茶叶被称之为"宝"。绿茶降脂抗癌，乌龙茶减肥、改善过敏，红茶利尿消肿，白茶抗辐射、抗氧化、抗肿瘤，大麦茶消暑生津等。

在茶道养生上也是有性别选择。男士一般普遍喜欢看似茶文化和口感更复杂的武夷岩茶和云南普洱茶，而女性偏好又有所不同，她们一般不饮浓茶，大多选用一些绿茶、花茶（如菊花茶、玫瑰花茶、茉莉花茶）。我们在田野调查中发现，受新冠肺炎疫情影响，女士普遍喜欢喝老白茶加陈皮，配以红枣、枸杞、红糖等，不仅有助于改善气血、美容养颜，还能清肺抗病毒。此外，大部分饮茶者还会自制"养生茶"：枸杞泡水补肾益精、明目养肝，荷叶泡水降"三高"，竹叶泡水清热利尿，薄荷叶泡水消炎润肺，决明子泡水清热明目、润肠通便等，茶因其养生保健功效被中年人争相追捧。

---

① 马戎，2012. 中国民族史和中华共同文化. 北京：社会科学文献出版社.

所谓人到中年，与茶为伴。不难看出，茶在个体生命周期的中年时期，是一种无法替代的元素，它承载的社会文化功能与养生功效，对中年群体有着重大意义。

第三节　延寿与来世（60岁以上）

一、寿诞

步入老年之龄后，寿诞是较为隆重的仪式，这其中讲究颇多，茶元素也应用丰富。从古到今，中国人为老人祝寿，都爱用喜寿、米寿、白寿、茶寿的雅称。喜寿指77岁，草书喜字看似七十七；米寿指88岁，因米字看似八十八；白寿指99岁，百字少一横为白字；茶寿指108岁，茶字的草头代表二十，下面的八和十字代表八十，一撇一捺又是一个八字，加在一起就是108岁。寓意：人常喝茶健康长寿，可以活到108岁，可称为"茶寿"。茶的含义是什么，"茶"字，从草，从人，从木，喝茶的最高境界就是把"茶"字拆开，人在草木间，达到天人合一的境界。代表着人应该根植于大地，回到自然的怀抱中去，就能枝繁叶茂，郁郁葱葱，这也是茶道的境界。随着科学技术的发展，"茶为万病之药"的千年之谜日渐明朗。茶叶中诸如茶氨酸、咖啡碱和茶多酚等营养物质在一定程度上可以保护细胞DNA免受自由基损伤，修复受损伤的细胞膜、清除自由基等，所以，在根本上可以保护人体健康，调节生理作用，起到预防动脉粥样硬化、帕金森症、糖尿病和肿瘤的作用，同时还具有降血压、血脂和血糖等功效。但是茶不是"药"而是一种对人体有益的功能性食品，科学饮茶和服用茶叶的功能性食品可以提高人体对疾病的免疫力，提高健康水平。"茶寿"一词在我国甚为流行，细究之下，也是爱茶之人长期与茶做伴，更能体会"茶叶"与"长寿"的关联。比如当今茶学泰斗张天福（1910年8月—2017年6月4日）先生就是活了108岁。他是中国著名茶学家、制茶和审评专家，中国近现代十大茶叶专家之一，教授级高级农艺师，享受国务院特殊津贴专家，中国茶业界普遍把张天福称为"茶学界泰斗"。还如诺贝尔奖获得者杨振宁先生，在他八十八岁祝"米寿"的那年，用冯友兰给好友金岳霖"何止于米，相期以茶"祝寿的语，祝福自己向"茶寿"进发。

在民间祝寿当天需要举行拜寿仪式，一般会在堂屋悬挂横联（写着寿星名字和茶寿），中间悬挂一个斗大的"寿"字。厅堂正中摆设八仙桌、太师椅，桌上供奉寿桃、寿糕、寿果、寿酒等。寿星身穿新衣，端坐于太师椅上，接受后辈的祝福与叩拜：先由长子带头，向父亲（母亲）敬茶，并说出祝福语，寿星接过茶水，抿一口放于桌上，而后按长幼顺序依次向寿星叩拜祝福，寓意寿禄永久。

二、丧俗

"无茶不在丧"的观念，在中华祭祀礼仪中根深蒂固。茶在历史上何时开始作为祭品，未有人做过专门的研究。《仪礼·既夕礼》载："茵著，用茶，实绥泽焉。"[①]说明起码在秦汉时期，我国就以茶作为祭品了。而在丧事中用茶，大致开始于两晋以后。南朝（梁）肖子显撰写的《南齐书》中有记载齐武帝萧赜永明十一年在遗诏中称："我灵上慎勿以牲为祭，唯设饼、茶饮、干饭、酒脯而已。"[②]此外，茶叶有洁净、干燥的作用，利于遗体保存，长沙马王堆西汉古墓也将茶叶作为随葬物品，由此可见茶在丧葬祭祀中的重要地位。

以个体生命周期的中国传统文化传承为视角，通过茶文化的传承过程，试分析中国传统文化如何传承问题。茶文化传承是普遍存在于个体生命周期各阶段的一种文化元素。在生命周期中，茶因其独特的含义被广泛使用，既可以做招待宾客的日常饮品，又是各大礼节仪式中的必要元素，可以看出茶在百姓的日常、重大活动礼仪中的重要地位。茶之所以对于个体的生命如此重要，不仅与茶这种植物的价值、生理特征、品性有关，更多的是基于茶的文化内涵和象征意义以及它所独具的文化品格和民族品格。

中国自古有礼仪之邦的称谓，如今随着经济关系的变化及简化的仪式，

---

① 侯光复，1998. 仪礼. 大连：大连出版社.

② 肖子显，1972. 南齐书，卷3，武帝传. 北京：中华书局.

很多"富有仪式感"的元素销声匿迹。笔者认为，中国传统文化需要一代代后人传承，立足当代，重视和挖掘优秀传统文化，关系到整个中华民族伟大复兴战略。茶文化的精神内涵与中国的传统文化和礼仪相结合，贯穿于个体、国家生命周期的各个阶段，形成了一种具有鲜明中国文化特征的一种文化现象，也可以说是一种礼节现象。茶文化包括在饮茶活动过程中形成的文化特征，茶道、茶德、茶艺、茶画等。在青少年缺失传统文化熏陶的当下，传承茶文化，我们需要做的是顺应时代的发展，培养青少年对茶的兴趣，以喜闻乐见的方式使他们懂茶礼、知茶道，使茶文化融入新一代的生活中，并使之远古留香。

茶文化雅集（金峰　提供）

第四章

当代中国名优茶识别与鉴赏文化

第一节　名优绿茶的识别与鉴赏

样标龙凤号题新，赐得还因作近臣。

烹处岂期商岭水，碾时空想建溪春。

香于九畹芳兰气，圆似三秋皓月轮。

爱惜不尝唯恐尽，初将供养白头亲。

——（宋）王禹偁《恩赐龙凤茶》

各类茶叶的制作过程如下。

绿茶：杀青—揉捻—干燥。

黄茶：杀青—揉捻—闷黄—干燥。

青茶：萎凋—做青—炒青—揉捻—干燥。

红茶：萎凋—揉捻—发酵—干燥。

黑茶：杀青—初揉—渥堆—复揉—干燥。

白茶：萎凋—干燥。

一、绿茶的工艺

绿茶因种类不同，加工方法也各不相同，但其基本工序相同，都要经过杀青、揉捻、干燥三个过程。

1. **杀青**　杀青指的是通过高温来破坏鲜叶组织，使鲜叶内含物迅速转化。杀青是绿茶初制的第一道工序，是达到绿茶绿叶清汤品质的关键。鲜叶高温杀青有如下作用。

其一，破坏鲜叶中酶的活性，制作多酚类化合物的酶性氧化，防止叶子红变，为保持绿茶绿叶清汤的品质特征奠定基础。

其二，蒸发叶内一部分水分，增强叶片韧性，为揉捻成条创造条件。

其三，使叶内具有青草气的低沸点芳香物质挥发，高沸点芳香化合物显露，增进茶香。

手工杀青

杀青除极个别高级名茶采用手工杀青外，绝大多数茶叶采用机器杀青。目前各地使用的杀青机，基本可分锅式杀青机、滚筒式连续杀青机、槽式连续杀青机三种。

2. **揉捻**　揉捻是炒青绿茶成条的重要工序，是利用机械力使杀青叶在揉桶内受到推、压、扭和摩擦等多种力的相互作用形成紧结的条索。揉捻还使叶片细胞组织破碎，促使部分多酚类物质氧化，减少炒青绿茶的苦涩味，增加浓醇味。除少数绿茶采用手工揉捻外，基本都用机器揉捻。

3. **干燥**　干燥是茶叶整形做形、保证茶叶品质、发展茶香的重要工序。由于所用的机器不一样，干燥的工艺可分为全炒法、全滚法、滚炒法，由于工艺不同，生产的产品品质也有所不同。

二、绿茶的分类

绿茶按杀青的方法不同可分为炒青、烘青、晒青和蒸青四大类。炒青是用干锅干炒杀青，烘青是用烘焙方法杀青，晒青是用日晒方法杀青，蒸青是用蒸汽方法杀青。

炒青绿茶有眉茶（特眉、珍眉、凤眉、秀眉、贡熙等）、珠茶（雨茶、秀眉等）、细嫩炒青（龙井、大方、碧螺春、雨花茶、松针等）等。

烘青绿茶有普通烘青（闽烘青、浙烘青、徽烘青、苏烘青等）、细嫩烘青（黄山毛峰、太平猴魁、华顶云雾、高桥银峰等）等。

晒青绿茶有滇青、川青等。

蒸青绿茶有煎茶、玉露等。

三、名优绿茶鉴赏

1. 龙井 龙井茶是中国传统名茶，著名绿茶之一。原产于浙江杭州西湖龙井村一带，已有1 200余年历史。龙井茶色泽翠绿，香气浓郁，甘醇爽口，形如雀舌，即有"色绿、香郁、味甘、行美"四绝的特点。龙井茶得名于龙井，曾用名为龙泓。龙井位于西湖之西翁家山的西北麓的龙井茶村。

龙井茶因其产地不同，分为西湖龙井、钱塘龙井（萧山、富阳）、越州龙井［绍兴地区：包括新昌县（大佛龙井）、嵊州市（越乡龙井）］三种，除了杭州市西湖区所管辖的范围（龙井村梅家坞至龙坞转塘十三个生产大队）的茶叶叫作西湖龙井外，其他产地产的通称为浙江龙井茶。

（1）龙井的分类。龙井按时间、形状的不同，有不同的分类方法。

以时间来划分，龙井可分为以下几种。

清明前数日采摘的品质最佳，称为"明前茶"，西湖龙井标准，不看形状。

从清明日到谷雨前采摘的次之，称为"雨前茶"。

谷雨日到谷雨后五日采摘的称为"头春茶"。

谷雨后六日到十日采摘的为"二春茶"。

谷雨后第十一日到立夏日采摘的叫"三春茶"或"三尖茶"。

立夏日后采摘的茶则称为"四春"或"烂春"。

秋日里采摘的则叫"秋片"，因茶树要修养，少有掠夺式的采摘。

冬日前采的叫"冬叶"，不为茶家所受肯。

二春之后的茶色青味苦，为饮茶者所不喜，最好的茶叶绿中显黄，似翠非翠，扁平挺秀，光滑匀齐。这种茶叶在二月份后就开始采摘，第一道茶味道最好，通常被定为特级茶。

按形状，龙井茶划分为6个等级：特级、一级、二级、三级、四级、五级。

特级：一芽一叶初展，扁平光滑。

一级：一芽一叶开展，含一芽二叶初展，较扁平光洁。

二级：一芽二叶开展，较扁平。

三级：一芽二叶开展，含少量二叶对夹叶，尚扁平。

四级：一芽二三叶与对夹叶，尚扁平，较宽，欠光洁。

五级：一芽三叶与对夹叶，扁平较毛糙。

过去西湖龙井分11个等级，到1995年，简化了西湖龙井茶的级别，只设特级（分为特二和特三）和一至四级。由于西湖龙井声名远播，茶叶市场中经常出现"极品西湖龙井""超特级西湖龙井""精品西湖龙井"等各种名目繁多、等级混乱的称号，在全国各大城市中，假冒的龙井茶更是不计其数。为维护"西湖龙井"这块金字招牌，2005年，杭州市新规定了只有西湖区的狮峰、龙井村、五云山、虎跑、梅家坞这五个传统的核心茶区，才能通过认定获得"精品西湖龙井"称号。

（2）龙井的鉴别。高级龙井茶的色泽翠绿或带糙米色，调匀鲜活油润，汤色碧绿，清澈明亮；香馥如兰，香气鲜爽，清香持久；滋味甘醇鲜爽，醇和可口；外形扁平光滑，形似"碗钉"，尖削挺秀，大小匀齐，芽毫隐藏，犹如兰瓣。

手工炒青龙井茶

2. **黄山毛峰**　黄山毛峰产于安徽黄山风景区，是历史名茶。特级黄山毛峰产于桃花峰的桃花溪两岸的云谷寺、松谷庵、慈光阁以及海拔1 200米的半山寺周围。

黄山毛峰的鉴别：

黄山毛峰芽叶肥壮匀齐，白毫显露，形如雀舌，成茶色泽嫩绿微黄，泛象牙色，香郁味醇，回味甘甜，耐冲泡。主要特征为外形略卷、匀直显露、色泽翠绿微黄油润、香气高而持久、滋味鲜爽回甘、汤色清澈、叶底嫩绿明亮。

黄山毛峰

3. **碧螺春** 碧螺春主产于江苏省苏州市吴县太湖的洞庭山（今苏州吴中区）所以又称"洞庭碧螺春"。产于洞庭东、西山的碧螺春，芽多、嫩香、汤清、味醇，是我国的十大名茶之一。碧螺春茶已有一千多年的历史，民间最早称"洞庭茶"，又称"吓煞人香"。

碧螺春的鉴别：

碧螺春的品质特点是条索纤细、卷曲成螺、满身披毫、银白隐翠、清香淡雅、鲜醇甘厚、回味绵长，其汤色清澈明亮、浓郁甘醇、鲜爽生津、回味绵长，叶底嫩绿显翠。有"一嫩三鲜"之说，"嫩"指的是芽叶，"三鲜"指的是色、香、味。当地茶农说碧螺春"铜丝条，螺旋形，浑身毛，花香果味，鲜爽生津"。

4. **信阳毛尖** 信阳毛尖又称"豫毛峰"，是河南省著名特产之一，中国名茶之一。其以"细、圆、光、直、多白毫、香高、味浓、汤色绿"的独特风格而享誉中外。信阳毛尖主要产地为河南省的浉河区、平桥区、罗山县、光山县、新县、商城县、固始县、潢川县管辖的100多个产茶乡镇。

信阳毛尖初制后，经人工拣剔，把成条不紧的粗老茶叶和黄片、茶梗及碎末拣剔出来。拣出来的青绿色成条不紧的片状茶，叫"茁青"，春茶茁青又叫"梅片"，茁青属五级茶。拣出来的大黄片和碎末列为级外茶。经拣剔后的茶叶就是市场上销售的精制毛尖。

信阳毛尖的鉴别：

信阳毛尖汤色嫩绿、黄绿、明亮，香气高爽、清香，滋味鲜浓、醇香、回甘。芽叶着生部位为互生，嫩茎圆形，叶缘有细小锯齿，叶片肥厚绿亮。真毛尖无论陈茶还是新茶，汤色俱偏黄绿，且口感因新陈而异，但都很清爽。

假的信阳毛尖汤色深绿、混暗，有苦臭气，并无茶香，且滋味苦涩、发酸，入口感觉如同在口内覆盖了一层苦涩薄膜，异味重或淡薄。茶叶泡开后，叶面宽大，芽叶着生部位一般为对生，嫩茎多为方型，叶缘一般无锯齿、叶片暗绿、柳叶薄亮。

注意：

形状：新茶色泽鲜亮，泛绿色光泽，香气浓爽而鲜活，白毫明显，给人有生鲜感觉；陈茶色泽较暗，光泽发暗甚至发乌，白毫损耗多，香气低闷，无新鲜口感。

茶汤：新茶汤色新鲜淡绿、明亮，香气鲜爽持久，滋味鲜浓、久长，叶底鲜绿；陈茶汤色较淡，香气较低欠爽，滋味较淡，叶底不鲜绿而发乌，欠明亮。

5. 庐山云雾　庐山云雾是中国著名绿茶之一，始产于汉朝，距今已有一千多年的栽种历史。江西庐山，号称"匡庐秀甲天下"，北临长江，南傍鄱阳，气候温和，山水秀美，十分适宜茶树生长。年平均180多天有雾，这种云雾景观，不但给庐山蒙上了一层神秘面纱，更为茶树生长提供了良好的条件，"庐山云雾"茶也因此得名。好茶多出在海拔高、温差大、空气湿润的环境中。庐山虽地处江南，但由于海拔高，冬季来临时经常产生"雨淞"和"雾淞"现象，这种季节温差的变化和强紫外线的照射，恰好利于茶树体内芳香物质的合成，从而奠定了高山出好茶的基础。所以，庐山云雾茶的芽头肥壮，茶中含有较多的单宁、芳香油类物质和多种维生素。

庐山云雾茶芽壮叶肥，白毫显露，色翠汤清，滋味浓厚，香幽如兰，饮后解渴提神，有利于增进人体健康。这种茶似龙井，可是比龙井醇厚；其色金黄像沱茶，又比沱茶清淡，宛如浅绿色碧玉盛在杯中，故以香馨、味厚、色翠、汤清而闻名于中外。

庐山云雾的鉴别：

庐山云雾采摘标准为一芽一叶初展，长度不超过5厘米，其特点为芽壮叶肥、白毫显露、色泽翠绿、幽香如兰、滋味深厚、鲜爽甘醇、耐冲泡，而且其汤色明亮，饮后回味香绵。

6. **六安瓜片** 六安瓜片（又称片茶）是我国的国家级历史名茶，为绿茶特种茶类，采自当地特有品种，经扳片，剔去嫩芽及茶梗，通过独特的传统加工工艺制成的形似瓜子的片形茶叶。

六安瓜片的鉴别：

六安瓜片外形平展，每一片不带芽和茎梗，叶呈绿色光润，微向上重叠，形似瓜子，内质香气清高，水色碧绿，滋味回甜，叶底厚实明亮。假的六安瓜片味道较苦，色比较黄。

7. **太平猴魁** 太平猴魁是我国历史名茶，产于安徽省黄山市北麓的黄山区新明、龙门、三口一带。主产区位于新明乡三门村的猴坑、猴岗、颜家。尤以猴坑高山茶园所采制的尖茶品质最优。太平猴魁外形为两叶抱芽、扁平挺直、自然舒展、白毫隐伏，有"猴魁两头尖，不散不翘不卷边"之称，叶色苍绿匀润，叶脉绿中隐红，兰香高爽，滋味醇厚回甘，有独特的猴韵，汤色清绿明澈，叶底嫩绿匀亮，芽叶成朵肥壮。

太平猴魁

太平猴魁的鉴别：

形状：太平猴魁扁平挺直、魁伟重实、两叶一芽，叶片长达5～7厘米，这是太平猴魁独一无二的特征，其他茶叶很难鱼目混珠。

叶底：冲泡后，叶底嫩绿明亮，芽叶成朵肥壮，犹若含苞欲放的白兰花，这是极品的显著特征，其他级别形状与其相差甚远。

太平猴魁叶片　　　　　　　　冲泡后的太平猴魁

香气：香气高爽持久，具有兰花香，"三泡四泡幽香犹存"。

滋味：太平猴魁滋味鲜爽醇厚、回味甘甜，泡茶时即使放茶过量，也不苦不涩，滋味较淡。

烘青中的太平猴魁

8. **安吉白茶**   安吉白茶是在安吉地理标志保护范围内，采用"白叶一号"茶树鲜叶，经加工而成并符合《安吉白茶强制性标准》规定要求的茶叶。

安吉白茶发源地

安吉白茶（白叶茶）是一种珍罕的变异茶种，属于"低温敏感型"茶叶，其阈值约在23℃。茶树产"白茶"时间很短，通常仅一个月左右。春季，因叶绿素缺失，在清明前萌发的嫩芽为白色。在谷雨前，色渐淡，多数呈玉白色。雨后至夏至前，逐渐转为白绿相间的花叶。至夏，芽叶恢复为全绿，与一般绿茶无异。正因为神奇的安吉白茶是在特定的白化期内采摘、加工和制作的，所以茶叶经瀹泡后，其叶底也呈现玉白色，这是安吉白茶特有的性状。

L-茶氨酸

茶氨酸

安吉白茶鉴别：

安吉白茶外形细秀，形如凤羽，色如玉霜，光亮油润，内质香气鲜爽馥郁，独具甘草味，汤色鹅黄，清澈明亮，叶底自然张开，叶肉玉白，叶脉翠绿。

安吉白茶色泽金黄绿润，茶香嫩香持久，冲泡之后，茶芽朵朵，叶底玉白，叶脉绿色，似片片翡翠起舞，颗颗白玉卧底，饮之，滋味鲜爽，唇齿流香，甘味生津，回味无穷。白茶内含有营养成分高于常茶，经生化测定，氨基酸含量高达6%～10%，比常茶高二至四倍，茶多酚含量10.7%，比常茶低一半，叶绿素含量甚低。由于安吉白茶品种珍稀，风格独特，品质极佳。自古以来，白茶为世人所推崇，贵为绝品，民间谓为"茶瑞"。

冲泡后的安吉白茶

安吉白茶与中国六大茶类中"白茶类"中的白毫银针、白牡丹是不同的概念。白毫银针、白牡丹指绿色多毫的嫩叶制作而成的白茶，色白是由加工而成，而安吉白茶是一种特殊的白叶茶品种，色白是由品种而来。安吉白茶既是茶树的珍稀品种，也是茶叶的名贵品名。安吉白茶和传统的白茶不一样，它属绿茶类。

9.蒙顶甘露　蒙顶甘露是中国最古老的名茶，被尊为茶中故旧，名茶先驱，为卷曲型绿茶的代表。采摘细嫩，每年春分时节采摘，标准为单芽或一芽一叶初展。

外形：紧凑纤细，多银毫，香气鲜嫩，嫩绿油润。

汤色：茶汤似甘露，碧清微黄，滋味鲜爽，味醇回甜。

叶底：叶底匀整，汤色黄中透绿，透明清亮，使人齿颊留香。

蒙顶甘露干茶

蒙顶甘露茶汤和叶底

第二节　名优红茶的识别与鉴赏

一、红茶的工艺

红茶是在绿茶的基础上经发酵创制而成的，因其干茶色泽和冲泡的茶汤以红色为主调，故名红茶。红茶以适宜的茶树新芽叶为原料，经过萎凋、揉捻、发酵、干燥等工艺过程精制而成。

1. **萎凋**　萎凋是指鲜叶经过一段时间失水，使一定的鲜叶萎蔫凋谢的过程，是制茶的第一道工序。

2. **揉捻**　红茶揉捻的目的与绿茶相同，茶叶在揉捻过程中成形并增进色香味浓度。同时，由于叶细胞被破坏，便于在酶的作用下进行必要的氧化，利于发酵的顺利进行。

3. **发酵**　发酵是工夫红茶品质的关键过程。所谓红茶发酵，是在酶促作用下，以多酚类化合物氧化为主体的一系列化学变化的过程。发酵室温度一般在24～30℃，相对湿度95％。发酵过程一般需几个小时，发酵适度的茶叶青草气消失，出现一种新鲜的、清新的花果香，颜色变为红黄色，嫩叶色泽红匀，老叶因变化困难常红里泛黄。

4. **干燥**　发酵好的茶叶必须立即送入烘干机烘干，以制止茶叶继续发酵。茶叶的水分被蒸发，外形固定，保持干度以防霉变。

二、红茶的分类

我国红茶种类较多，产地较广，可分为以下几类。

1. 小种红茶 小种红茶是福建省的特产，分为正山小种和外山小种。正山小种产于武夷山崇安县星村乡桐木关一带，也称"桐木关小种"或"星村小种"。政和、坦洋、北岭、展南、古田等地所产的仿照正山品质的小种红茶，质地相对差一些，统称"外山小种"或"人工小种"。正山小种之"正山"，表明是真正的高山地区所产。

2. 工夫红茶 工夫红茶是我国特有的红茶品种。我国工夫红茶品类多，产地广。按产地的不同有祁红、滇红、粤红、宜红、闽红、越红等。最为著名的当数安徽祁门所产的"祁红"和云南省所产的"滇红"。按品种又分为大叶工夫茶和小叶工夫茶。大叶工夫茶是以乔木或半乔木茶树鲜叶制成，小叶工夫茶是以灌木型小叶种茶树鲜叶为原料制成的工夫茶。

注意：

冬季最宜常饮红茶。

人在吃饭前饮用绿茶会感到胃部不舒服，这是因为绿茶中所含的重要物质——茶多酚具有收敛性，对胃有一定的刺激作用，在空腹情况下刺激性更强。而红茶是经过发酵的，茶多酚在氧化酶的作用下发生酶促氧化反应，含量减少，对胃部的刺激性就随之减少了。红茶不仅不会伤胃，反而能够养胃。经常饮用加糖、加牛奶的红茶，能消炎、保护胃黏膜，对溃疡也有一定治疗效果。但红茶不宜放凉饮用，因为这会影响暖胃效果，还可能因为放置时间过长而降低营养含量。

3. 红碎茶 红碎茶是在红茶制作方法的基础上，将叶片切碎后再发酵、干燥而成的，其颗粒较小，也称"分级红茶""细红茶"。

三、名优红茶鉴赏

1. 祁门红茶 祁门红茶，是我国历史名茶，著名红茶精品，简称祁红，产于安徽省祁门、东至、贵池、石台、黟县，以及江西的浮梁一带。"祁红特绝群芳最，清誉高香不二门。"祁门红茶是红茶中的极品，享有盛誉，是英国女王和王室的至爱饮品，高香美誉，香名远播，被称为"群芳最""红茶皇后"。

成茶条索紧细苗秀，色泽乌润，金毫显露，汤色红艳明亮，滋味鲜醇酣厚，香气清香持久。国际上把祁门红茶与印度大吉岭茶、斯里兰卡乌伐的季节茶，并列为世界三大高香茶。

祁门红茶的鉴别：

形状：条索紧细、匀齐的质量好，反之，条索粗松、匀齐度差的质量次。

色泽：色泽乌润、富有光泽的质量好，反之，色泽不一致、有死灰枯暗的则质量次。

香气：香气馥郁的质量好，香气不纯、带有青草气味的质量次，香气低闷的为劣。

茶汤：汤色红艳、在评茶杯内茶汤边缘形成金圈的为优，汤色欠明的为次，汤色深浊的为劣。

味道：滋味醇厚的为优，滋味苦涩的为次，滋味粗淡的为劣。

叶底：叶底明亮的质量好，叶底花青的为次，叶底深暗多乌条的为劣。

2. 滇红　稍微了解滇红茶，或刚接触滇红茶的茶友们，很多都会被滇红茶各种各样的名字困扰，到底我该买什么样的滇红茶来尝试呢？

云南红茶，简称滇红，产于云南省南部与西南部的临沧、保山、凤庆、西双版纳、德宏等地。产地境内群峰起伏，属亚热带气候，昼夜温差悬殊，有"晴时早晚遍地雾，阴雨成天满山云"的气候特征。其地森林茂密，落叶枯草形成深厚的腐殖层，土壤肥沃，致使茶树高大，芽壮叶肥，着生茂密白毫，即使长至5~6片叶，仍质软而嫩，尤以茶叶的多酚类化合物、生物碱等成分含量居中国茶叶之首。滇红的品饮多以加糖、加奶调和饮用为主，加奶香后香气依然浓烈。

滇红有滇红工夫茶和滇红碎茶两种。

滇红工夫茶：金针、松针、金丝、金螺、金芽、古树红。

（1）滇红金针。也称金针滇红，该款茶因条形如"针"色泽"金"黄而以形得名。金针滇红精采单芽精制而成，相对来说级别是比较高的一款茶品，品质以凤庆的为"优"。

（2）滇红松针。该款茶制作和命名上是金针滇红的兄妹茶品，采摘一芽一叶的茶料，精制而成。市面价格上相对要比金针低，口感等却也特别优质，以凤庆产的为最"明显"。

（3）滇红金丝。该款茶采摘单芽，精制而成。形状如丝而得名，也称金丝滇红。

（4）滇红金螺、红螺。该款茶采摘单芽、一芽一叶、一芽二叶等的茶料，精制而成。形状如"螺"而得名，市面的滇红"螺"有好些品级。

滇红金针

滇红松针

滇红金丝

滇红金螺

（5）滇红金芽。也称金芽滇红，该款茶条形自然饱满，茶芽直（金芽）或稍弯曲（也有人称为半曲金芽），也是以形命名的一款茶。精采单芽精制而成，相对来说级别较高，品质也以凤庆的为"优"。

（6）古树滇红茶。该款红茶，色泽偏黑，茶品级别无要求，严格意义上讲，是在采摘原料上有区别（野生茶或放荒茶为原料），工艺特别。但目前市场上也是以特别工艺为主，建议在选购时，稍加了解和注意。

对于滇红茶，哪款茶品质更好？一款好的滇红茶不仅要拥有不错的外观，更应该具有优质的茶质，这主要体现在茶品的口感上（茶香、茶韵、汤感等）。

滇红金芽　　　　　　　　　　　　古树滇红

滇红的鉴别：

冲泡后的滇红茶汤红艳明亮，高档滇红，茶汤与茶杯接触处常显金圈，冷却后立即出现乳凝状的冷后浑现象。优质滇红工夫茶，成品茶芽叶肥壮，苗锋秀丽完整，金毫显露，色泽乌黑油润，汤色红浓透明，滋味浓厚鲜爽，香气高醇持久，叶底红匀明亮。

优质红碎茶外形颗粒重实、匀齐、纯净，色泽油润，内质香气甜醇，汤色红艳，滋味鲜爽浓强，叶底红匀明亮。

3. **正山小种**　正山小种红茶保存简易，只要常温密封保存即可。因其是全发酵茶，一般存放一两年后松烟味进一步转换为干果香，滋味变得更加醇厚而甘甜。茶叶越陈越好，陈年（三年）以上的正山小种味道特别醇厚、回甘。

正山小种的鉴别：

正山小种条索肥壮、紧结圆直，色泽乌润；冲水后汤色艳红，经久耐泡，滋味醇厚，似桂圆汤味；气味芬芳浓烈，以醇馥的烟香和桂圆汤、蜜枣味为其主要品质特色；如加入牛奶，茶香不减，形成糖浆状奶茶，其味甘甜爽口，别具特色。

注意：

何谓"正山小种"呢？

"正山小种"红茶一词在欧洲最早称武夷BOHEA，就是现在所说的武夷地名的谐音，在欧洲（英国）它是中国茶的象征，后因贸易繁荣，当地人为区别其他假冒的小种红茶（人工小种或烟小种），故取名为"正山小种"。桐木及与桐木周边相同海拔、相同地域、用相同一种传统工艺制作、品质相同、独具桂圆汤味的统称"正山小种"。"正山"指真正、正宗，而"小种"是指其茶树品种为小叶种，且产地地域及产量受地域的小气候所限之意。

4. 金骏眉　金骏眉是武夷山正山小种的一个分支，是红茶中的极品，首创于2005年，诞生地为武夷山市桐木村。该茶青为野生茶芽尖，摘于武夷山国家级自然保护区内海拔1 200～1 800米高山的原生态野茶树，原料选用的是芽尖，每500克金骏眉红茶需数万颗芽尖，采用正山小种传统工艺，全手工制作，是可遇不可求之茶中珍品。

"金"代表等级。金者，贵重之物也。"骏"通"峻"，原料采自桐木关自然保护区崇山峻岭之中的野生茶树。"眉"指茶叶的形状似眉毛，同时还有寿者长久之意。

金骏眉发源地

金骏眉干茶

金骏眉茶汤

金骏眉的鉴别：

形状：绒毛少，条索紧细、隽茂、重实。

色泽：黑黄相同，乌黑之中透着金黄。

香气：复合型花果香、蜜香，高山韵香明显。

叶底：呈金针状，匀整、隽拔，叶色呈古铜色。

茶汤：汤色金黄、浓郁、清澈，有金圈。

味道：滋味醇厚、甘甜，高山韵味持久。

2013年寻源红茶，拜访非物质文化遗产正山小种红茶制作技艺福建省级代表性传承人梁骏德先生，共同品鉴金骏眉。

第三节　名优青茶的识别与鉴赏

一、青茶的工艺

青茶，即乌龙茶，其综合了绿茶和红茶的制法，品质介于绿茶和红茶之间，既有红茶的浓鲜味，又有绿茶的清爽芳香，有"绿叶红镶边"的美誉。其工序可分为萎凋、做青、炒青、揉捻、干燥，其中做青是形成青茶特有品质特征的关键工序，是奠定青茶香气和滋味的基础。

1. **萎凋**　萎凋即青茶产区所指的晾青、晒青。通过萎凋散发部分水分，提高叶子韧性，便于进行后续工序；同时伴随着失水过程，酶的活性增强，散发部分青草气，利于香气透露。

青茶的萎凋与红茶有所不同。红茶萎凋不仅失水程度大，而且萎凋、揉捻、发酵工序分开进行，而青茶的萎凋和发酵工序不分开，两者相互配合进行。通过萎凋，用水分的变化，控制叶片内物质适度转化，达到适宜的发酵程度。萎凋方法有四种：晾青（室内自然萎凋）、晒青（日光萎凋）、烘青（加温萎凋）、人控条件萎凋。

2. **做青**　做青是青茶制作的重要工序，特殊的香气和绿叶红镶边就是在做青中形成的。

3. **炒青**　青茶的内质已经在做青阶段基本形成，炒青是承上启下的转折工序，它像绿茶的杀青一样，主要是抑制鲜叶中酶的活性，控制氧化进程，防止叶子继续变红，固定做青形成的品质。其次，低沸点青草气挥发和转化，形成馥郁的茶香。同时通过湿热作用破坏部分叶绿素，使叶片黄绿而亮。此外，还可挥发一部分水分，使叶子柔软，便于揉捻。

4. **揉捻**　揉捻的作用与绿茶的揉捻相同，是为了形成紧结的条索。

5. **干燥**　干燥可抑制酶性氧化，蒸发水分和软化叶子，并起热化作用，消除苦涩味，促进滋味醇厚。

二、青茶的分类

青茶根据产区的不同，分为闽北乌龙、闽南乌龙、广东乌龙、台湾乌龙等。

闽北乌龙：大红袍、岩茶名丛、水仙、肉桂等武夷岩茶名品。

闽南乌龙：铁观音（安溪、华安）、色种（本山、毛蟹等）两种。

广东乌龙：凤凰单丛、凤凰水仙、岭头单丛等。

台湾乌龙：冻顶乌龙、包种、乌龙等。

三、名优青茶鉴赏

（一）武夷岩茶

依据2006年7月18日发布，2006年12月1日起实施的中华人民共和国国家标准GB/T 18745—2006《地理标志产品　武夷岩茶》之规定。武夷岩茶是指在福建省北部南平市下辖的武夷山市（原崇安县县级市归南平市管辖）所辖行政区域范围内，特定的武夷山自然生态条件下选用适宜的茶树品种进行无性系繁育栽培，并用独特的传统加工工艺制成，具有岩骨花香，即岩韵品质特征的乌龙茶。

地理标志产品武夷岩茶保护范围为武夷山市（南平市崇安县）所辖行政区域内，包括岚谷乡、吴屯乡、洋庄乡、新丰街道办、崇安街道办、武夷街道办、上梅乡、星村镇、兴田镇、五夫镇。

根据2006年武夷岩茶原产地保护标准，依据武夷岩茶原料产区的不同划分为两个产区：武夷岩茶名岩产区和武夷岩茶丹岩产区。

武夷岩茶名岩产区为武夷山市风景区范围以内，区内面积70平方公里。

武夷岩茶丹岩产区为武夷岩茶原产地域范围内除名岩产区以外的其他产区。

武夷山坐落在福建武夷山脉北段东南麓，群峰相连，峡谷纵横，多悬崖绝壁。茶农利用岩凹、石隙、石缝、沿边砌筑石岸种茶，有"盆栽式"茶园之称，又有"岩岩有茶，非岩不茶"之说，岩茶因而得名，这也是武

武夷岩茶名岩产区

夷岩茶的传统分类。根据生长条件不同有正岩、半岩和洲茶之分，都是各自生态环境综合的结果。

正岩茶——正岩品质最好，产于海拔高的慧苑坑、牛栏坑、倒水坑（大坑口）和流香涧、悟源涧、九龙窠、竹窠等地，俗称"三坑两涧"，品质香高味醇，是武夷岩中心地区茶。

半岩茶——又称小岩茶，武夷山范围内，产于"三坑两涧"边缘地带以下海拔低的青狮岩、碧石岩、马头岩、狮子口以及九曲溪一带，略逊于正岩。

洲茶——指产于武夷岩溪河阶滩，崇溪、黄柏溪两岸平地沙土茶园中所产的茶叶，虽具备茶叶高产条件，但质量较差。

武夷岩茶具有绿茶之清香，红茶之甘醇，是中国乌龙茶之极品，其成品茶分为大红袍、名丛、肉桂、水仙、奇种五种，其中以大红袍最为著名，这是依据2006年7月18日发布，2006年12月1日起实施的中华人民共和国国家标准GB/T 18745—2006《地理标志产品 武夷岩茶》规定的武夷岩茶的现代分类，实际上还存在第六种品种茶。

大红袍：母树大红袍、母本大红袍（奇丹）、传统大红袍三种。

名丛：铁罗汉、白鸡冠、水金龟、半天妖、北斗、金锁匙、白牡丹、金桂、白瑞香等。

肉桂：正岩马头岩肉桂（马肉）、牛栏坑肉桂（牛肉）等。

水仙：正岩老丛水仙、丹岩吴三地高山老丛水仙，苔藓味，木质香。

奇种：武夷菜茶采制。

其他品种：引进品种如奇兰、佛手、梅占、矮脚乌龙，新培育品种如黄观音、金观音、黄玫瑰。

马头岩

武夷岩茶属半发酵茶，特点为甘、清、香，色泽绿褐鲜润，茶汤呈深橙黄色，茶性和而不寒，冲泡五六次后余韵犹存，很适宜泡功夫茶。采摘时间一般在每年的4月底到5月中旬。采摘武夷春茶一般在谷雨之后立夏之前，夏茶采于夏季前，秋茶采于立秋以后。

武夷岩茶的鉴别：

形状：武夷岩茶质实量重，条索长短适中，紧结稍细。只有水仙品种，因属大叶种，条索可略粗，但力求纯净、整齐、美观。

色泽：武夷岩茶呈鲜明之绿褐色，俗称之为宝色，条索之表面，且有蛙皮状小白点，此为揉捻适宜、焙火适度之特点。

香气：武夷岩茶为半发酵茶，具有绿茶之清香与红茶之熟香，其香气愈强愈佳，且清新幽远者为上品，缺此不能称为佳品。

茶汤：武夷岩茶汤色一般呈深橙黄色，清澈鲜丽，且泡至第三四次水色仍不变淡。

味道：上等的武夷岩茶，入口有一股浓厚芬芳气味，入口过喉均感润滑活性，初虽有茶素之苦涩，过后则渐渐生津，甘短期可口。

叶底：上等的武夷岩茶，冲开水后，叶片易展开，且极柔软。叶片周边是红色的，中间是青色的，三分红七分青叶。

冲泡次数：通常以能泡冲至五次以上，茶之原有气味仍未变淡者为佳，最佳者"九泡有余香，十二泡有余味"。

武夷岩茶名品：

1. **大红袍**　大红袍产于福建武夷山，属武夷岩茶，是武夷岩茶中的极品。"大红袍"茶树，生长在武夷山九龙窠的高岩峭壁上，岩壁上至今仍保留着1927年天心寺和尚所做的"大红袍"石刻。这里日照短，多反射光，昼夜温差大，岩顶终年有细泉浸润流滴。这种特殊的自然环境造就了大红袍的特异品质。

大红袍茶树现有6株，至今已有300多年的历史，都是灌木茶丛，叶质较厚，芽头微微泛红，阳光照射茶树和岩石时，岩光反射，红灿灿十分显目。

大红袍祖庭

这6株大红袍现在受到极其严密的保护，2006年开始九龙窠的大红袍母树实行禁采。最后一次采制的产品已收藏于故宫博物院。现今市场上卖的所谓的大红袍都是后来无性培育而来，虽然是后期培育的，但也是茶中上品。

大红袍的鉴别：

形状：大红袍的外形条索紧结，色泽绿褐鲜润，冲泡后汤色橙黄明亮，叶片红绿相间，绿叶红镶边。

香气：大红袍香气馥郁有兰花香，香高而持久。大红袍很耐冲泡，冲泡七八次仍有香味。

注意：

大红袍是无性繁育的，不存在变异和代数之分。因此市场上流传的大红袍的一代、二代或是三代、四代之说纯属无稽之谈。

2. 四大名丛

（1）铁罗汉。铁罗汉原产地传说较多的是武夷山慧苑岩内鬼洞中（亦称蜂窝坑），该地两边悬崖耸立，茶即产于一狭长丈许的地带，边有小涧水流。另一传说，以竹窠岩为原产地。长在竹窠岩长窠内，茶树正生长在三仰峰下，营养来自风华剥落的岩石，岩旁有涧水，终年滋润根部，具有特殊的香味，还有一说是在马头岩。

铁罗汉生物学特征为无性系，灌木型，中叶类，晚生种。春茶适采期4月下旬末。铁罗汉经无性繁殖后，在武夷山的环境中生长良好，品质极佳。

外形：成品铁罗汉外形直条形，紧结，色泽青褐较油润，色泽青褐是铁罗汉突出的品质特征。

汤色：汤色金黄明亮。

香气：表现为特有的品种香，香气馥郁幽长，细而含蓄，有天然花香味。

滋味：极耐冲泡，滋味醇厚甘爽，回甘强，岩韵突显。

叶底：叶张匀整，叶质柔软，绿叶红镶边。

（2）白鸡冠。白鸡冠原产于慧苑岩火焰峰下外鬼洞中，另一种认为武夷宫止庵白蛇洞口和隐屏峰蝙蝠洞也是原产地。

白鸡冠生物学特征无性系，灌木型，中叶类，晚生种。春茶适采期5月上旬。

白鸡冠感官品质特征：

外形：条索紧实，色泽黄褐，外形色泽是辨认白鸡冠的典型特征。

汤色：橙红或橙黄。

香气：清香扑鼻，香高细长，优雅而不飘。

滋味：醇厚而清爽，回甘快，岩韵显露。

叶底：叶张薄软亮，浅黄绿色，红边明显。

（3）水金龟。水金龟原产于牛栏坑杜葛寨峰下半崖上，为兰谷岩所有。

水金龟生物学特征，无性系，灌木型，中叶类，晚生种。春茶适采期5月上旬。

水金龟感官品质特征：

外形：条索紧实，色泽灰褐有光泽。

汤色：橙红色，有一种热烈的感觉。

香气：香高细长，似腊梅花香，岩韵显露，久闻香不释手。

滋味：醇厚甘爽，回味持久，岩韵显露。

叶底：叶张匀整软亮，叶色黄绿，红边明显。

（4）半天妖。半天妖（半天腰）原产于三花峰之第三峰绝顶崖上。

生物学特征，无性系，灌木型，中叶类，晚生种。春茶适采期5月上旬。

感官品质特征：

外形：干茶条索紧实，色泽绿褐油润。

香气：香气馥郁似蜜香。

滋味：滋味浓厚回甘，岩韵显。

3. **肉桂**　武夷肉桂，亦称玉桂，由于它的香气滋味有似桂皮香，所以在习惯上称"肉桂"。肉桂茶被发现至今已有一百多年历史，由于其品质优异，性状稳定。如今不仅成为武夷岩茶的最佳当家品种，而且也被外地广为引种，成为乌龙茶中的一朵奇葩。肉桂除了具有岩茶的滋味特色外，更以其辛锐持久的高品种香备受人们的喜爱，名优正岩肉桂有：马头岩肉桂（马肉）、牛栏坑肉桂（牛肉）等。

肉桂茶最早是武夷慧苑的一个名丛，另一说原产于马枕峰。是武夷山茶园栽种的十个品种之一，现已发展到武夷山的水帘洞、三仰峰、马头岩、桂林岩、天游岩、仙掌岩、响声岩、百花岩、竹窠、碧石、九龙窠等地。

武夷肉桂茶品质特征：条索紧实、色泽乌润砂绿，香气浓郁、辛锐似桂皮香，滋味醇厚甘爽带刺激性，汤色橙黄至金黄、透亮，叶底绿叶红镶边显、软亮富有弹性。

肉桂茶香气辛锐持久，桂皮香明显，佳者带奶油香，滋味醇厚回甘快，饮后齿颊留香。

外形：条索紧实、匀整，色泽青褐润亮呈"宝光"。

汤色：橙黄中呈红，亮润且透。

香气：胜似果香，深沉持久，层次幽悠。

4. 水仙　水仙原产福建省建瓯市，后被引种武夷山。水仙生物学特征，无性系，小乔木型，大叶类，晚生种。春茶适采期5月上旬。武夷水仙也称岩水仙，是武夷岩茶的主要品种，据学者考证《红楼梦》里贾母最喜欢喝的"老君眉"便是武夷水仙。武夷水仙是由水仙品种制成的。清朝道光年间（1821—1850）发源于闽北建瓯市水吉镇大湖，原属建瓯。水仙茶不但品质优越而且适应性强，栽培制作容易，在一定区域不同环境中均能保持稳定性状，因此茶农戏称为"懒水仙"。1988年武夷水仙获得商务部优秀产品。外形肥壮，色泽绿褐油润而带宝色，部分叶背呈现沙粒，叶基主脉宽扁明显，香浓锐，有特有的"兰花香"，味浓醇厚，喉韵明显，回甘清爽，汤色浓艳带深橙黄色，耐冲泡，叶底软亮，叶缘红点鲜红。

水仙感官品质特征：

条索：水仙茶梗粗壮、节间长、叶张肥厚，含水量高且水分不容易散发。外形条索紧结卷曲，似"拐杖形""扁担形"，毛茶枝梗呈四方梗，色泽乌绿带黄，似香蕉色，"三节色"明显。

汤色：内质汤色橙黄或金黄清澈。

香气：香气清高细长，兰花香明显。

滋味：清醇爽口透花香。

叶底：叶底肥厚、软亮，红边显现，叶张主脉宽、黄、扁。

树龄小于30年地称为水仙，树龄大于30年地称为高丛水仙，树龄大于60年地称为老丛水仙。有的甚至在百年以上，树干粗壮根系发达，茶芽中有更多的有效成分，岩韵深沉，以醇见长。"丛味"是指来自茶树自身枝干木质部的木本香，是附着物与周围生态气息的综合。

老丛水仙在岩骨花香的基础上突出兰花香和丛味，丛味主要有三味：木质味、青苔味、糙米味。老丛水仙属武夷岩茶，制作工艺与岩茶大致相同，属于中轻焙火味醇清香。老丛水仙外形紧实、条索状；颜色多为色泽乌绿润带宝色；干茶香馥郁、老丛味。叶底大片有明显的"绿底红镶边"的特征，叶脉浮于叶面之上。

赭墨斋品水仙与肉桂

青海回族研究会会长喇秉德先生，抬邀晚辈品茗赭墨斋。雅居可赏茶器、字画、盆景，在安静、清新、舒适的茶事中，聚书法家、画家、学者，贤达诗情画意、意趣盎然。由茶艺师李宏主泡闽北乌龙水仙与肉桂，茗间教门、书法、字画、瓷器、学术谈笑间，此乃众人得慧。

水仙清爽的醇，淡而悠长，细而持久。香味也很远，很飘，仿佛要屏住呼吸才能慢慢靠近。像是茶中仙子，等你回过味来她已缥缈而去，只留下神韵让你回味不已。

肉桂奇香异质，似桂皮香。开泡既香味冲天，锐而浓，香中带着股辛烈味，个性鲜明。茶汤初入口会有轻微苦涩，但很快回甘，而且留韵长久。

佐以茶食、菜肴，真乃文人茶宴乎！

（二）铁观音

铁观音，别名红心观音，产地主要在福建省安溪县，闽南、闽北、广东潮州、台湾等地也有种植。一年四季均可采制，茶叶品质以秋茶为最好，春茶产量最多，秋茶香气最浓，俗称"秋香"。"铁观音"茶树天性娇弱，产量不大，所以便有了"好喝不好栽"的说法。采用铁观音良种芽叶制成的乌龙茶也称"铁观音"。因此铁观音既是茶树品种名，也是茶名。优质铁观音条索卷曲、壮实、沉重，形似观音（或称蜻蜓头状），重如铁，青蒂绿腹红镶边，其名由此得来。

铁观音感官品质特征：

形状：铁观音成茶条索卷曲、粗壮、紧实，颜色呈鲜亮的绿色或墨绿色。

香气：上品铁观音其香如兰、幽而绵长、清雅脱尘、隽永怡人，无以名之，唯誉圣妙。

叶底：叶底肥厚明亮，似绸面光泽，叶形椭圆，叶缘齿疏而钝，叶基部稍钝，叶尖端稍凹，向左稍歪，叶缘鲜红如红线镶边。

（三）黄金桂

黄金桂原产于安溪县，于清咸丰年间（1851—1861）创制，是乌龙茶中风格有别于铁观音的又一极品。黄金桂是以黄旦品种茶树嫩梢制成的乌龙茶，因其汤色金黄色，有奇香似桂花，故名黄金桂（又称黄旦）。

黄金桂感官品质特征：

形状：条索尖梭且较松，体态较飘，不沉重，叶梗细小，色泽黄楠色、翠黄色或黄绿色，有光泽。

茶汤：汤色金黄明亮或浅黄明澈为上，汤色暗红者次之。

叶底：黄绿色，叶片先端稍突，呈狭长形，主脉浮现，叶片较薄，叶缘锯齿较浅。

香气：香气特高、芬芳优雅，常带有水蜜桃或者梨香。

味道：细啜一口，舌根轻转，可感滋味醇细鲜爽，有回甘，适口提神。

注意：

在市面上有两种形态的黄金桂，一种是毛茶，一种是精致茶。鲜叶通过初制加工后的茶称为毛茶，毛茶相对而言较粗糙。对毛茶进行筛分、拣剔、烘焙等加工技术处理后，使其符合成品茶的规格要求，此类茶被称为精制茶。

黄金桂茶

（四）冻顶乌龙

冻顶乌龙产自台湾，被誉为"茶中圣品"。冻顶乌龙茶汤清爽怡人，汤色蜜绿带金黄，茶香清新典雅，香气清雅，因其香气独特，据说是帝王级泡澡茶浴的佳品。在日本、中国和东南亚，均享有盛誉。

冻顶乌龙感官品质特征：

形状：色泽墨绿鲜艳并有灰白点状的青蛙皮斑，条索紧结弯曲。干茶有强劲的芳香。

茶汤：冲泡后汤色呈橙黄色，偏琥珀色。

香气：有明显清香，似桂花香。

味道：醇厚甘润，喉韵回甘十足，带明显焙火韵味。

叶底：茶叶展开后，外观有青蛙皮般灰白点，叶间卷曲或虾球状，叶片中间淡绿色，叶底边缘镶红边。

（五）凤凰单丛

是乌龙茶品种之一，属于半发酵茶。凤凰单丛有700多年的生产历史，源远流长，声誉远播。凤凰单丛主产地为广东省潮州市潮安区凤凰山一带，种茶相传始于南宋末年，是我国四大乌龙茶产区之一，茶树均生长于海拔600~1000米的山区，那里濒临东海，气候温和，雨量充足，终年雨雾遮盖，空气湿度大，年均气温在22℃以上，土壤肥沃，自然环境有利于茶树的发育，并形成茶多酚和芳香物质。

潮州凤凰山系是国家级茶树地方良种"凤凰水仙种"的原产地，数代茶农从凤凰水仙品种中分离筛选出来的众多品质优异的单株，即"凤凰单丛"。

2017年4月寻茶潮州凤凰山

凤凰单丛感官品质特征：

凤凰单丛条索粗壮，匀整挺直，色泽黄褐，油润有光，并有朱砂红点，叶底边缘朱红，叶腹黄亮，素有"绿叶镶边"之称。

凤凰水仙茶

凤凰单丛茶外形挺直肥硕，色泽黄褐。冲泡清香持久，有独特的天然花香，有特殊山韵蜜味，汤色清澈似茶油，叶底青蒂绿腹红镶边。滋味浓醇鲜爽，润喉回甘。

由凤凰水仙单丛制作而成的凤凰单丛系列茶，各有特殊的"韵味"、奇妙的"茶香"。

密兰香　　芝兰香　　玉兰香　　桂花香　　肉桂香

姜花香　　杏仁香　　夜来香　　茉莉香　　黄枝香

凤凰单丛品鉴先观其汤色，闻其香和韵，然后啜吸茶汤，品其味，回其甘，分三次慢慢地饮完这杯茶，慢慢地品尝。

单丛茶素有"先苦后甘""健康之液"的美誉。入口感觉苦涩随即化为甘醇，极高境界的感官享受。

第四节　名优黑茶的识别与鉴赏

一、黑茶的工艺

　　根据2014年6月9日发布，2014年10月27日实施的中华人民共和国国家标准BG/T 30766—2014《茶叶分类》的定义，以鲜叶为原料，经杀青、揉捻、渥堆、干燥等加工工艺制成的产品。黑茶一般原料较粗老，加之制造过程中往往堆积发酵时间较长，因而叶色油黑或黑褐，故称黑茶。

　　1. **杀青**　由于黑茶原料比较粗老，为了避免黑茶水分不足杀不匀透，一般除雨水叶、露水叶和幼嫩芽叶外，都要按10∶1的比例洒水（即10千克鲜叶1千克清水）。洒水要均匀，以便黑茶杀青能杀匀杀透。与绿茶一样，黑茶既可手工杀青，也可机械杀青。

　　2. **初揉**　黑茶原料粗老，揉捻要掌握轻压、短时、慢揉的原则。待黑茶嫩叶成条，粗老叶成皱叠时即可。

　　3. **渥堆**　渥堆是黑茶制作过程中的独特工艺，也是决定茶品的关键，是指将晒青毛茶堆放成一定高度后洒水，上覆麻布，使之在湿热作用下发酵，加速茶叶陈化，促进茶叶酵素作用的进行，其间也有微生物参与发酵，待茶叶转化到一定程度后，再摊开来晾干。经过渥堆后的茶叶，随着渥堆程度的差异，颜色已经由绿转黄、栗红、栗黑。

　　4. **复揉**　将渥堆适度的黑茶茶坯上机复揉，压力较初揉稍轻。

　　5. **干燥**　干燥是黑茶初制中的最后一道工序，通过烘焙形成黑茶特有的品质，即油黑色和松烟香味。松柴明火干燥是黑茶独特的干燥方法，采用松柴明火，分层累加湿坯和长时间一次干燥法。传统烘焙

黑茶干燥"七星灶"

采用特制的"七星灶",即灶的进口用砖砌七个孔,以松柴明火烘焙,但明火不进灶孔,不忌烟味。烘焙到黑茶茶梗易折断、手捏叶可成粉末、干茶色泽油黑、松烟香气扑鼻时,即为适度。

二、黑茶的分类

黑茶因为产区和工艺的不同有湖南黑茶、湖北老青茶、四川边茶、云南黑茶、广西黑茶和陕西黑茶之分。

湖南黑茶:安化黑茶等。

湖北老青茶:蒲圻老青茶等。

四川边茶:南路边茶、西路边茶等。

云南黑茶:普洱茶等。

广西黑茶:梧州苍梧六堡茶。

陕西黑茶:泾阳茯茶。

其中各茶区黑茶又有如下茶产区分类。

湖南黑茶原产于安化,现已扩大到益阳、桃江、宁乡、汉寿、临湘等地。湖北老青茶的主要产地为鄂东南咸宁市的赤壁(蒲圻)、通山、崇阳、通城等县。南路边茶是四川生产、专销藏族地区的一种紧压茶。过去分为毛尖、芽细、康砖、金玉、金仓5个花色,现在简化为康砖、金尖两个花色。西路边茶简称西边茶,系四川灌县、北川一带生产的边销茶,用篾包包装。灌县所产的为长方形包,称方包茶;北川所产的为圆形包,称圆包茶,已停产。普洱茶原产于云南省,现四川、广东、湖南等地也有生产。

三、名优黑茶鉴赏

(一)普洱茶

普洱茶因产地旧属云南普洱府(今普洱市)而得名,现在泛指普洱茶区生产的茶,是以公认普洱茶区的云南大叶种晒青毛茶为原料,经过后发酵加工成的散茶和紧压茶。

最新发布实施的《茶叶分类》国家标准划定普洱茶属于云南黑茶,此前有关普洱茶的分类存有争议，有主张将普洱茶单独列为一类，国家在标准层面上确定了普洱茶属于黑茶类。可以预见未来围绕普洱茶的分类地位仍将会有争议，但在标准修订之前无法改变普洱茶属于黑茶的事实。

《茶叶分类》国家标准的分类原则是以加工工艺、产品特征为主，结合茶树品种、鲜叶原料、生产地域进行分类。云南大学生命科学院高照教授通过微生物学研究后认为：黑茶本质上是后发酵茶，而普洱茶不管是熟茶还是生茶，都是在以黑曲霉为主体的有益菌种的作用下进行后发酵，提高品质达到越陈越香，因此普洱茶是典型的黑茶。微生物学研究是对既有分类的补充，从科学上支持了现有的分类方法。

2008年6月17日发布，2008年12月1日实施的中华人民共和国国家标准，BG/T 22111—2008《地理标志产品　普洱茶》以地理标准保护范围内，即云南省内的11个州市的云南大叶种晒青茶为原料，并在地理标志保护范围内采用特定的加工工艺制成，具有独特品质特征的茶叶。

普洱茶按其加工工艺及品质特征，分为普洱茶生茶和普洱茶熟茶两种类型。按外观形态分普洱熟茶散茶，普洱生茶和熟茶紧压茶。

普洱熟茶散茶按品质特征分为特级、一级至十级共11个等级。

普洱生茶、熟茶紧压茶外形有圆饼形、碗臼形、方形、柱形等多种形状和规格。

国标中保护的普洱茶产地是云南省的11个州市：云南滇中茶区的大理州、楚雄州、玉溪市、昆明市；滇南茶区普洱市、西双版纳州、红河州、文山州；滇西茶区的保山市、德宏州、临沧市；普洱茶的三大核心产区为滇西的临沧市，滇南的西双版纳州和普洱市；境外普洱有：毗邻云南省的老挝、缅甸、泰国、越南等国都出产普洱茶。

普洱茶名产地

纵观全国名优茶的命名方式，基本都是地域+品种，比如西湖龙井、信阳毛尖等，既有产地，又有品种。普洱茶的命名实际上也是这样的，不过"普洱茶"更多的不是强调茶叶品类，而是强调山头，比起国内其他茶产区，普洱茶独立山头众多，名称也繁多。

普洱茶主要分布在云南省西双版纳、临沧、普洱、保山等地，各个产区又是以不同山头命名的小产区构成，如西双版纳茶区知名山头代表有江内的易武古茶山、江外的布朗山，临沧茶区的勐库大雪山，普洱茶区的景迈山、困鹿山、老乌山等。

在这些代表产区的基础上，又细分出许多小山头微产区，名目纷繁，让人目不暇接，传统历史上的古六大茶山便是典型个案。实际上，山头概念并非捕风捉影，在整个普洱茶发展过程中，山头概念都是存在的，只是在不同阶段承担着不同的职能。早期山头的命名是为了能更好地区分各个地区、山头茶的不同种类特征，而如今山头概念则更多地被赋予了品质价值。

20世纪90年代中期，普洱茶的很多概念都还没有完全清晰，包括台地茶和古树茶的概念、采摘标准的概念、炒制工艺的概念、陈化时间的概念、山头区域的概念。直到2005年之后，才进入对整个普洱茶的认知成熟起来的阶段，很多基础概念和区域概念都在那时候逐渐系统地形成。

气候、光照、土壤成分对茶叶的内涵物质影响比较大，所以不同山头之间，在茶叶品种特征、加工工艺和口感上各有千秋。如老班章的独特韵味，冰岛的甘甜冰糖韵，南糯山的强烈喉韵，景迈的独特兰香……都是山头茶不可复制的优势，那个味，只有那个山头的茶才有。

此外，山头概念也离不开普洱的仓储，前期原料好、工艺好，品质靠得住的普洱茶，后期转化空间更大，茶品价值提升的空间更大，口感和风味也更能被认可。

很多山头的古树茶、大树茶之所以在多年后市场价格不断走高，也是由于原料好，为茶品价值提升打下坚实的基础。同时，一些山头资源的不可再生性，也使得这些古树茶和大树茶在未来的市场竞争中更能彰显实力，山头概念在未来很长一段时间内依然是普洱茶最重要的因素。

我们所能喝到的古树茶（山头茶），树龄在120年以上的人工栽培型茶树（多种植于明清时期）出产的茶叶为第一级古茶树，面积不足云南全省茶园总面积的2%，具有极高的研究、观赏和保护价值，是茶树的活化石。树龄为70～120年的人工栽培型茶树（多种植于清末民初）产出的茶叶称为第二代级古茶树，茶园面积不足云南全省茶园总面积的5%，具有很高的品饮价值和收藏价值，而且性价比较高。

常见山头如下：

易武

香扬水柔，刺激性较低，汤色淡黄明亮，口感厚重香甜、苦涩味低、回甘生津持久，叶底鲜活、均匀整齐，茶质优良极耐冲泡。

冰岛

入口苦涩度极低，几乎没有感觉，喉咙部位渐渐有股凉气出来，慢慢转化为舌头中后部双呷生津，入口时几乎觉察不出茶味，茶味是渐渐从喉部延伸到整个口腔，生津效果明显持久。杯盖杯底高香，冷杯后闻有冰糖香。

老班章

生态好、树龄长，有强烈的山野气韵，嗅散茶和茶饼有很突显的古树茶特有之香，香型似乎在兰花香与花蜜香之间。老班章的香气很强，在茶汤、叶底、杯底上都可以嗅到，而且杯底留香比一般古树茶更强更长久。老班章的苦涩味退化很快，一分钟左右就转而回甘，饮过老班章之后整个口腔和咽喉会感到甜而滑润，而且持续时间很长。

南糯

条索较长较紧结，一年的茶汤色金黄、明亮，汤质较饱满，回甘较快，涩味持续时间比苦味长，生津，香气不显，山野韵较好。

老曼峨

条索黑亮稍粗长，芽头肥大，茶味重，苦涩强，茶质好，汤质饱满，山野气韵强，饮后口中滑润感好，回甘强且久。

布朗

香气比较厚稳，茶汁滑度高，汤色明亮，缺点是苦底重，有的化得较慢，有涩味留存，但这些可以通过泡茶手法，如投茶量、茶器、出汤时间等来控制。

倚邦

芽头较小，条索黑亮较短细，汤色黄绿，叶底黄绿，苦淡，苦中带甜，涩显于苦，汤质饱满。回甘快且持久，香气显，由于长于山野，环境好，山野气韵好，杯底留香。

无量山

条索稍长，汤色黄绿尚亮，苦显涩弱，但涩较长，回甘较好亦生津，汤质尚饱满，叶底黄绿匀齐，有山野气韵。

景迈山

香气显、山野之气强烈。由于与森林混生，具有强烈的山野气韵，是乔木古树茶中山野气韵最明显的古茶之一，而且还具有特别的、浓郁的、持久的花香。兰花香是景迈独有的香，甜味明显而持久。

攸乐山

条索黑亮、紧结，苦涩味重，回甘较好，汤质较滑厚，有山野气韵。

邦崴

条索较粗长，色较黑亮，汤色金黄，叶底黄绿，苦涩较显，苦能化甘，回甘较久，涩退稍慢，汤质饱满，生津，山野气韵较强，杯底留香。

曼糯

条索紧结较黑亮。汤色金黄明亮，叶底黄绿匀齐，山野气较强，杯底留香，茶香纯正，苦显涩长，汤中有甜，回甘稍慢但较好，汤尚饱满。

贺开

条索黑亮紧结、稍长，汤色金黄明亮，稍苦涩，涩显于苦，苦化甘较快，涩稍长，汤质饱满，山野气韵较强，杯底香明显，且较持久。

勐库大雪山

头春新芽，叶质肥厚宽大，香型特殊、野香中带兰香，劲扬质厚，微苦，回甘转甜，沉雄而优雅，舌面甘韵与上颚中后段香气饱满。此茶采摘极难，纯正的千年野生型古乔木，属国家二级保护植物，产量极低，弥足珍贵，是为普洱之无上珍品。

昔归忙麓山

条索紧结黑亮。汤色黄绿明亮，苦较突显，且苦显于涩。苦在舌两侧及舌根，苦退得比涩快，苦退后回甘较好，茶汤苦中带甜。杯底有古树茶特有之杯底香。但强烈程度一般，汤质滑润感和茶气较好。

西双版纳州古六大茶山有位于孟腊县象明乡倚邦（曼松）、革登、莽枝、蛮砖，位于易武乡的易武、曼撒现在合称易武，位于景洪市基诺山乡的攸乐山（基诺山）。

　　新六大茶山有位于勐海县格朗和乡的南糯山（帕莎现在单列），位于布朗山乡的班章（老班章、新班章、老曼峨），位于勐混镇的贺开（包括邦盆），位于西定乡的巴达，勐宋包括勐海县勐宋乡的大勐宋和景洪市大勐龙镇的小勐宋，位于澜沧县惠民乡的景迈山（景迈、芒景）。

　　其他普洱茶名产地有富东乡的邦威，宁洱县宁洱镇的空鹿山，临沧市临翔区东邦乡的昔归，双江县勐库镇的冰岛，凤庆县小湾镇的香竹箐。

普洱生茶

冲泡后的普洱茶叶底

老班章古树谷花茶

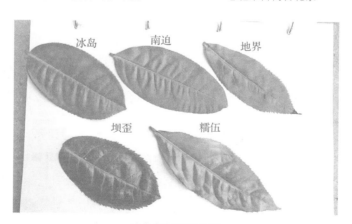

冰岛各村茶叶形状

易武的"七村八寨"，易武是普洱茶源头地区，是云南著名的古茶区，种植茶叶的历史至少有1 000多年，易武茶山包括易武正山、曼撒茶山、曼腊茶山在内，面积约750平方公里，为古六大茶山中最大的茶山，亦是著名的普洱茶六大古茶山之一。易武人视茶为"上通天神，下接地府"的灵性之物，形成了多姿多彩的民族饮茶习俗和茶文化，以易武正山"七村八寨"最具特色。易武之"七村八寨"中的八寨是指刮风寨、丁家寨（瑶族）、丁家寨（汉族）、旧庙寨、倮德寨、大寨、张家湾寨、新寨。七村是指：麻黑村、高山村、落水洞村、曼秀村、三合社村、易比村、曼洒村。

易武"七村"

曼洒村：曼洒村在一个山脊上，从远处看，像一条升腾的巨龙。曼洒平均海拔很高，视野开阔，是个观山览景的好地方，站在这里可以看到蛮砖、莽枝、倚邦、易武几个茶山。这里产的茶叶条索紧结、匀整、乌黑油亮，茶汤橙黄透亮，滋味醇和，杯底香气持久，口感细腻、水路顺滑。

曼秀村：曼秀村距离乡政府3公里，是一个纯汉族村，是到麻黑村与刮风寨的必经之路。过去曼秀村也建有庙宇，后来改为了学校，现在庙宇已拆除，建成了村民的活动室。曼秀茶仍然保持传统制茶工艺，生产出的茶叶条索紧结、完整、灰褐显毫，茶汤略带金黄，香高，回甘、生津、持久，让人回味无穷。

落水洞村：落水洞原名曼落，与麻黑村相邻，后因寨子中有个内连地下河常年不满的大洞而得名"落水洞"。该村的地形四周环山，村背后有一株知名度很高的大茶王树，那是爱茶人必去的地方。落水洞村是一个汉族村，茶马古道从村中穿过，所产茶叶品质极佳，加工工艺地道，条索紧结、匀整，汤色金黄透亮，口感甜润、蜜香突出，茶韵幽深、回味无穷。

麻黑村：麻黑村是易武所有古茶山中茶叶面积最广、产量最多的一个村。该村山山有茶园，处处有森林，自然景观极佳。现有古茶园面积3 400

亩[*]，年产量48吨。麻黑村所产茶叶叶面宽厚、墨绿、条索紧结、匀整、黑亮超群，香气突出、茶气足，茶汤清明、透亮，经久耐泡、可持续20～30泡，具有越陈越香的历史认可。

三合社村：三合社村古茶园与麻黑古茶园隔河相望。三合社村是一个纯彝族村，茶园四周植被保护极好，所产茶叶、叶宽、肥厚、呈墨绿色，产品条索完整，茶汤橙黄透亮，香高、回甘、生津、持久，滋味柔和。

高山村：高山村是一个纯彝族村，至今保存有诸多古茶园，茶树高大，需搭架攀爬才可采摘。高山村近些年茶叶制作技术提升很快，加上优质的茶原料，产品非常走俏。该村茶叶条索紧结、完整度好，汤色金黄透亮，蜜香浓郁持久，滋味悠长、回甘持久、空杯留香，是普洱茶爱好者的珍品。

易比村：易比村在易武乡政府西南，易武著名的老字号"安乐号"就出自这里。清光绪二十年（1894）李开基就是带着这里的茶叶进京参加殿试的赶考，由于路途遥远，耽误了考试时间，李开基托人把自家制作的茶叶敬献给了光绪皇帝，光绪皇帝钦命头品顶戴云南等处承宣布政使，司布政使捷勇巴图善吏为李开基题写《瑞贡天朝》大匾，可惜该匾在1949年火灾中被毁。该村茶叶品质特征：条索紧结、乌润、匀整度好，开汤茶汤金黄明亮，滋味醇正、茶气足、回甘、生津，杯底带浓浓密香味，香气持久、茶叶耐泡。

易武"八寨"

刮风寨：刮风寨距老挝边境仅2公里。周围多是原始森林，古茶树是在完全野生的生长环境下，零星的散落在原始森林里，由于被其他杂木遮挡，受到的日照少，属于阳光漫射。基于这些客观的条件因素，造就了刮风寨古树茶的特点：茶体黑亮，口感厚实承重，具有强烈的山野气息，苦涩味却较低，回甘迅速，绵柔的后劲更是将"易武为后"这一特点表现得淋漓尽致。守兴昌秋茶"刮风寨"就出自这里，喜爱普洱茶的茶友可以多多了解。

---

* 亩为非法定计量单位，1亩＝1/15公顷。——编者注

大寨：大寨是一个被茶园包围着的寨子。光绪初年大寨还有二百多户人家，摘茶的季节每天杀三头猪还不够摘茶人吃，民国初年大寨有七八家茶号。这里产的茶叶芽毫显露肥壮、条索松紧适度、色泽乌润、汤色淡黄明亮，滋味甘醇，香气高显，叶底肥嫩。

新寨：易武最古老的一个少数民族村寨，他们自称"本族"，其祖先是发现和利用茶叶最早的一种民族，每年春茶开采前，在祭师的带领下还举行隆重的祭茶祖仪式。该村至今还保留着传统的手工制茶工艺，茶叶多采自古茶山、古茶园，茶叶条索匀整，回甘、生津、汤色橙黄、明亮，香气纯正、茶气足。

倮德寨：倮德寨是距离乡政府最远的一个村委会，自然生态非常好。在咸丰年以前倮德老寨的茶园东连曼乃，西接象明的曼拱，均由倮德土司管辖，倮德土司和整董土司、倚邦土司都是亲戚，有联姻关系，倮德土司实力很强，土司府盖得十分宏大。其茶叶外形条索紧结油润、显毫、回甘、生津、香气正，开汤茶汤金黄透亮、滋味醇和，杯底有浓郁蜜香味，经久耐泡、叶底肥厚、柔软。

易武山

旧庙寨：旧庙寨与新寨是同一种民族，两村相距3公里，相同的茶文化，相邻的茶园，相同的制作工艺，不同的是制茶人的心情和技术。茶叶条索匀整，回甘、生津，汤色橙黄，滋味醇和，香气纯正，叶底色泽黄绿。

张家湾寨：抗战以前，六大茶山北部所有村寨的茶商去越南莱州都要经过的村寨，是马帮歇晌休整的地方，从张家湾到莱州十多天的路程，茶到莱州后上船沿水路到海防，再从海防转香港、广州。这里产的茶条索松紧适度、匀整显毫、色泽银白，汤色金黄，滋味醇和，香气高，叶底柔嫩。

丁家寨（汉族）：现在采摘的茶园叫一扇磨和香椿林，这里的茶树是六大古茶山目前发现的最大的人工栽培型古茶树之一，所产茶叶外形条索粗壮紧结，灰褐、显毫，茶汤透亮、橙黄，香气有陈韵，滋味醇厚回甘。

丁家寨（瑶族）：是一个瑶族村寨，分为上、下两寨，采摘茶园地名叫弯弓，弯弓在清咸丰年以前，拥有400多户人家，有汉族寨和回族寨，是曼撒山最大的寨子。回族盖有清真寺、汉族盖有关帝庙，弯弓的关帝庙是六大古茶山中最大的庙宇，占地面积6 000平方米以上，全用柏木建成，雕梁画栋、飞檐点金，当时是六大茶山中最精美的建筑。弯弓产的茶叶，外形条索紧结，匀整、色泽乌润，汤色金黄，香气纯高，叶底条索肥壮柔软，是爱茶人难求的茶中极品。

横向上，易武茶从滋味上区分了三带一点：花香带、蜜香带、原野香带，复合香。其中花香带以弯弓为核心，与曼撒茶区重合，包括草果地、凤凰窝、薄荷塘和哆依树区，这个区域是典型的明星产区；蜜香带以麻黑为中心，是易武中流砥柱般的存在，也是多数人心目中的"易武味"；原野香带，以同庆河为中心，顺着刮风寨直到麻黑，这里生态环境优越，具有别具一格的生津回甘感。三条口味带的中心点便是茶王树，茶王树具备了花香、蜜香、原野香几种特质的区域，所以茶王树其实是易武口感协调度最高的区域。

纵向上，根据不同时期同款茶品内含物质的变化，通过理化实验把易武茶转化分为5个转化期：鲜香期（1～2年）、波动期（3～5年）、回味期（6～7年）、稳定期（8～9年）和饱满期（10～12年）。在过去，普洱茶的陈化是个复杂且漫长的过程。这个过程充满着变数，有太多不可预知的变化。现在普洱茶的转化路径通过数据有了明确的表示，从清新鲜爽到波动期的难以捉摸，最后沉淀、稳定，最终易武茶表现为越陈越醇厚的特质。

国标中规定普洱茶的原料为云南大叶种晒青毛茶，有两重含义：其一原料为云南大叶种鲜叶，其二晒青毛茶为普洱茶原料。普洱茶原料鲜叶为云南大叶种，绝大多数云南茶树品种属于大叶种和特大叶种。事实上，云南存在中小叶种茶树，古六大茶山之一的倚邦茶山出产的曼松贡茶，还有宁洱县困鹿山，皇家古茶园出产的金瓜贡茶，如今声名显赫的新六大茶山之一的景迈山的茶，都是中小叶种的普洱茶。

普洱生茶

普洱茶有生茶和熟茶之分，生茶为自然发酵，熟茶为人工催熟。

一是生茶和熟茶的茶叶颜色不同。生茶的茶叶属于黄绿色，老的生茶茶叶呈现墨绿色。熟茶的茶叶属于红褐色，甚至是黑色，这与熟茶制作过程中发酵有关，因此，新的熟茶还有点灰蒙蒙的感觉。

二是生茶和熟茶的茶水颜色不同。生茶所泡出的茶汤颜色为透明的黄绿色或金黄色。生茶的陈茶随着发酵程度的加深，茶汤的黄色变淡，红色加深，最后变得红浓明亮，茶汤表面还会有油气。熟茶的茶汤则为板栗色或红褐色，甚至近似黑色，如发酵不充分则还会有点淡黄色。

三是生茶和熟茶的气味和口感不同。生茶闻起来是茶叶本身的清香味，熟茶则是一种特殊的陈香味，若是湿仓陈茶或渥堆发酵没掌握好的还会有点霉味。生茶的味道和绿茶很相似，有苦涩味。熟茶的滋味是甘滑柔顺，绵甜爽口，有明显回甘。

普洱茶的最大特点是"越陈越香"，普洱茶是"可入口的古董"，尤其是普洱生茶，不同于别的茶贵在新，它贵在"陈"，越陈的普洱生茶价格越高。新的普洱茶指的是刚制成的普洱茶，外观颜色较绿有白毫，味道浓烈，老的普洱茶指的是陈放较久的普洱茶，因为经过长时间的后氧化作用，茶叶外观呈枣红色，白毫也转成黄褐色。普洱陈（老）茶外形色泽褐红，内质汤色红浓明亮，香气独特陈香，滋味醇厚回甘，叶底褐红。

提示：

陈年普洱茶会变质吗？

普洱茶如果保存得当，是会越陈越香的，不过购买时会发现在陈年普洱茶的外包装上标示有保存期限，这是因为规定要求食品必须要标明保质期，事实上消费者在饮用普洱茶时，是可以不必在意的。另外，如果发现茶叶有霉味，通常是保存不当所致，不宜选购。

普洱茶年代寿命，到底是六十年，或一百年，或数百年，目前没有定论，往往只靠品茗者直觉研判其陈化的程度。如福元昌、同庆老号普洱圆茶陈化感已到了最高点，必须加以密封储存，以免继续快速后发酵，造成茶性逐渐消失，品味衰退败坏。故宫的金瓜贡茶，陈期已一两百年，此茶"汤有色，但茶味陈化、淡薄"。

普洱茶的鉴别：

形状：不管是茶饼、沱茶、砖茶，或其他各种外形的茶，都可看茶叶的条形是否完整，叶老或嫩，一般老叶较大，嫩叶较细。若一块茶饼的外观看不出明显的条形（一片片茶叶形成的纹路），而显得碎与细，就是次级品。

颜色：看茶叶显现出来的颜色是深或浅，光泽度如何。正宗的普洱茶是猪肝色，陈放五年以上的普洱茶就有黑中泛红的颜色。

茶汤：好的普洱茶，泡出的茶汤是透明的、发亮的，汤上面看起来有油珠形的膜。品质较差的普洱茶，茶汤发黑、发乌。

冲泡后的普洱生茶茶汤

香气：生茶要看清香味出不出得来，有没有回甘。陈茶则要看有没有一种特有的陈味，是一种很甘爽的味道。通常保存不佳的普洱茶会产生霉味，有些商人为掩盖该气味，会加入菊花等花香。因此若看到普洱茶中掺有菊花，或闻起来有花香，表示茶叶品质不纯正。

味道：新制的普洱茶有白毫，未经过陈化，因此会有苦涩味；普洱茶陈化，白毫转金针后，性温和、不刺激，因此味道较甘醇。

陈年普洱茶的年代鉴别：

市面有出售1957年出厂的"云南普洱砖茶"。事实上，云南到1977年才开始生产这种茶，标号只有7581、7811两个，而且从未在包装上印过标号。号称"文革"期间出厂的，也不可信。

市面经常会看到标注为20世纪40年代生产的"中茶"商标红印圆茶。但事实上，"中茶"商标是1951年12月才在北京注册的。

市面也有1980年出产的"班禅紧茶"，而班禅是1986年才到云南下关茶厂视察的，因此不可能有1980年的"班禅紧茶"。

市面所谓1970—1980年的"凤凰沱茶"，标明是南涧茶厂生产的。其实南涧茶厂是20世纪80年代才成立的。

市面出售的号称20世纪50年代生产的"铁饼"，实际上"铁饼"茶1972年才出的第一批。

普洱茶编号问题：

普洱茶编号和茶品的价格没有直接关系。

首一二码表示茶青配方，第三码表示茶青级别，第四码表示生产厂家。例：7262中72表示1972年茶青配方，6表示6级别茶青配方，2表示勐海茶厂。如尾码1为昆明厂，2为勐海茶厂，3为下关茶厂，8为海湾茶厂，6代表福海茶厂。

目前市面上的常规货品中，以勐海茶厂为例，7262、7572为熟茶常见品种，7542、7532、8582为生茶常见品种。74、75开头的茶品，都不是代表生产时间源于1974、1975年的，而是1974、1975年研制或投产的茶青配方。85则代表从1985年开始投产，好比8582、8592两种配方，据资料，是1985年南天贸易公司和勐海茶厂开发的7262这个编号，则应该是从2000年开始投产的。

例如，大益的7242，可以解释为：72表示1972年茶青配方，4表示茶青为4级别，2表示勐海茶厂。昆明茶厂一个代表性的产品中茶7581砖，75代表它的配方年份，8代表那个级别，1是代表昆明茶厂；下关茶厂：7663；福海茶厂：7576、8586、7436；昆明茶厂：中茶7581、茶砖5861。

普洱茶编号

著名普洱老茶鉴赏：

它们是时空遗留的产物，因稀有而被惦记，相比只可观瞻的众多文物，与人的欲望接触更为亲密，可以进口入胃融于血液，给予人品饮历史的缥缈幻象。它，就是普洱老茶。

陈云号圆茶

"陈云号"成立于清中后期，是民国初年最大的普洱茶商之一，当时的老板陈石云，人称"陈半山"。云南省勐腊县易武乡张家湾的曼腊茶山有一半茶园都姓陈。陈云号最兴盛的时期是1900—1933年，当地人都这样说，易武有刘癸光，曼腊有陈云山，一个南，一个北。"陈云号"有自己的马帮，茶叶的原料以易武、曼腊茶山为主，生产出的产品运往越南的莱州，主要销往中国香港及东南亚。

1951年陈云号生产了最后一批茶叶后，从此销声匿迹。现存的这款茶品，经鉴定应为20世纪30年代以前的产品，现今为稀有物品，属难得一见的茶品。

陈云号圆茶

宋聘号

宋聘号茶庄，创建于清光绪六年（1880），总部设在易武镇，产品原料以易武山为主。民国初年与钱利贞（后改名为"乾利贞"）结为亲家，而改名为"乾利贞宋聘号"。合并后的宋聘号为了扩大经营和生产，开始生产一些普通的产品。同期宋聘号也在香港设立了分公司，生产的普洱产品为"福华号宋聘"，同时也代理运营总公司对海外销售的产品。现此样茶品，经鉴定为20世纪40年代之产品，现今为稀有物品，难得一见。

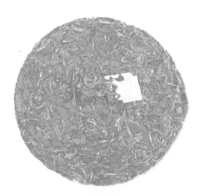

红票宋聘

鸿泰昌

鸿泰昌茶庄创建于1926年，茶庄设在六大茶山之倚邦，创始人高鸿昌。茶叶原料主要以倚邦山为主。20世纪30年代，鸿泰昌茶庄在泰国开设分公司，取号"鸿泰昌号"。同期也利用泰国的茶青，生产普洱茶供应东南亚市场，堪称普洱茶历史上的第一个庞大的"普洱帝国"。鸿泰昌茶庄在倚邦的总部一直开办到解放初期，消失于人民公

鸿泰昌号

社成立后，而设在泰国的分公司至今仍然存在，是一个孤悬海外的普洱茶王国。此款产品应是20世纪70年代的产品，是一款难得的普洱珍藏品。

无纸早期红印

"红印"，这响亮的名字，在普洱茶界几乎是每个人都听过的"法号"，然而真正看过、摸过或喝过的应该不到百分之一。红印，因其茶饼内飞为红色八中印而得名。红印圆茶始创于1940年，范和钧创办的佛海茶厂。红印共分为：无纸早期红印、有纸红印、早期红印、后期红印。新中国成立后，也有过生产，中止于20世纪50年代中期。1940—1955年生产的内飞为红色八中印者为正红印。现这款茶品，经鉴定应该为解放初期之产品，是一款可遇不可求的茶品。

红印圆茶

七子黄印大饼

黄印七子饼，产生于20世纪50年代末至70年代中期，是云南七子饼的一个里程碑，同时也是现代拼配普洱茶工艺的始祖。1959年，因侨销茶停产的缘故，中茶公司把茶饼的名称从"圆茶"改为"七子饼茶"（即"中茶牌圆茶"改为"云南七子饼茶"），生产单位也从"中国茶叶总公司云南省分公司"改为"中国土产畜产进出口公司云南分公司"。七子黄印品种有"八中黄印""七子小黄印""七子大黄印""绿字黄印"等。但一般茶人区分则按照外观特点区分为"大黄印""小黄印""认真配方"（内飞内多了"认真配方"

黄印圆茶

四个字）等几种。此款茶因八中茶字为黄色，饼身比一般茶饼稍大，故称为"七子黄印大饼"，是一款难得的普洱珍藏品。

雪印青饼

"雪印青饼"产生于20世纪70年代初，是台北一名姓黄的先生于1999年11月命名的，是一种俗称，指的是某一批茶号为7532的七子饼。从配方来看，面茶为芽尖毛茶，是青饼茶中最为细嫩的茶品，产量并不是很多，目前在市场上已经很少见了。此款茶经鉴定为20世纪70年代中期产品，是一款难得的普洱珍藏品。

雪印青饼

73大叶青

"73厚纸大叶青"产生于20世纪70年代初，是台北一名姓黄的先生于1998年12月命名的，是一种俗称，指的是某一批茶号为7542的七子饼。从配方来看，面茶用3、4级幼嫩芽叶，里茶用5、6级叶（后期也出现过掺7、8级老叶的情况）。此款茶经鉴定为20世纪70年代中期产品，是一款难得的普洱珍藏品。

七三"文革"砖

广云贡饼

在20世纪60年代，广东茶叶进出口公司精选上等的晒青毛茶为原料，并利用自己独创的工艺压制成普洱茶出口到香港、澳门、台湾及东南亚地区。因这些茶以云南、广东等地原料为主，融入了广东茶叶进出口公司独创的配方和工艺技术，具有广式韵味，台湾和香港的茶人又称之为"广云贡"，产品结构也分饼、砖、沱。

八八青

"八八青"是香港一名姓陈的先生命名的，是一种俗称，指1988—1992年生产的某一批茶号为7542的七子饼。"八八青"的意思据陈先生说：为了纪念他的茶店开业的年期，其次是以广东人的口音8字是代表行运与发财的好兆头。"88"者亦喻义发财后可再发的意思。目前此款茶是一款难得的普洱珍藏品。

广云贡饼

八八青

蓝印铁饼

简称"蓝铁"，产生年代有两种说法：一种为20世纪70年代产物，另一种为20世纪50年代的经典代表茶品。"蓝印铁饼"为云南省普洱茶行业一个新的突破产品，它摆脱了以往用布袋包揉压制茶叶的繁琐工序，采用金属模子直接把茶青放入压制脱模而成，过程简单而快捷，缺点在于加工时压力过大，茶体太紧结不利于后期转化。"蓝印铁饼"采用的原料为易武乔木茶青，是一款可遇不可求的茶品。

蓝印铁饼

（二）安化黑茶

安化黑茶是中国古代名茶之一，20世纪50年代曾一度绝产，以至于默默无名。近些年，安化黑茶又再度进入人们的视线，更在2010年成为中国世博会十大名茶之一。根据2010年6月10日发布，2010年8月10日实施，湖南省地方标准DB43/T 568—2010《安化黑茶通用技术要求》规定：安化黑茶是湖南省益阳地区特有的地理标志产品，是以益阳市安化等县区域内生长的安化云台山大叶种、槠叶齐等适制安化黑茶的茶树品种鲜叶为原料，按照特定的加工工艺生产的黑毛茶，以及用黑毛茶为原料，按照特定的加工工艺生产的具有独特品质特征的各类黑茶产品。

黑毛茶是指没有经过压制的黑茶。外形条粗叶阔，色泽黑褐油润。根据2011年10月24日发布，2011年12月30号实施，湖南省地方标准DB43/T 659—2011《安化黑茶　黑毛茶》规定：是以益阳市安化等县区域内种植的安化云台山大叶种、槠叶齐、安化群体种等适制安化黑茶的茶树品种鲜叶为原料，经杀青、揉捻、渥堆、干燥等工艺加工成的干毛茶。安化黑茶分为特级、一级、二级、三级、四级、五级、六级共七级。

湖南黑毛茶一般用来压造砖块形的茯砖茶、黑砖茶、花砖茶、青砖茶和篓包装的天尖、贡尖、生尖。一级鲜叶要求一芽二三叶，二级一芽三四叶，三级一芽四五叶，四级一芽五六叶或开面叶。

安化黑茶的分类。

安化黑茶的分类根据2010年6月10日发布，2010年8月10日实施，湖南省地方标准DB43/T 568—2010《安化黑茶通用技术要求》规定划分为五类：千两茶、花砖茶、黑砖茶、茯砖茶、湘尖茶。

1. **三尖**　三尖又称湘尖，采用原料较细嫩的黑毛茶加工而成，旧时都作为皇室贡品。三尖包括天尖、贡尖和生尖。

安化黑砖茶

天尖（湘尖1号）：一级原料为主，少量拼入二级提升茶。

贡尖（湘尖2号）：二级为主，少量拼入一级下降茶和三级提升茶。

生尖（湘尖3号）：三级安化黑毛茶为原料，黑毛茶较粗老，大多为片状，含梗多。

2. 花卷　花卷是"百两茶""千两茶"等一系列的总称。"花卷"有三重含义：一是用竹篾捆束成花格篓包装；二是黑茶原料含花白梗，特征明显；三是成茶身上有经捆压形成的花纹，茶呈圆柱，像一本卷起来的书。

千两茶

根据2010年6月10日发布，2010年8月10日实施，湖南省地方标准DB43/T 389—2010《安化黑茶　千两茶》规定：花卷茶，以益阳市安化等县区域内生产的安化黑茶二级、三级，七至八级等为主要原料，经过筛分、拣剔、拼堆、蒸汽、装篓、压制、日晒干燥等工艺加工而成的外形呈长圆柱体状的安化黑茶成品，以及经切割形成的各种规格的茶饼。包括千两茶、五百两茶、三百两茶、百两茶、十六两茶等规格的产品，以及在保证产品质量情况下创新研制出的其他同类型新产品。

道光元年以前，陕西商人托茶栈雇人下乡采办茶叶原料，踩捆成包，叫"澧河茶"，随后又改为"百两茶"，踩成小圆柱形。清同治年间，晋商在"百两茶"的基础上选用较佳原料，增加重量，用棕与篾压而成花卷，每支净重1 000两，所以又称"千两茶"。花卷圆柱长5尺，圆周1.7尺，以边江村为主要产地，踩制技术为刘姓少数人所掌握，花卷茶做工精良，曾有茶商用水试浸，经七年茶心不湿。这种茶主要是晋商经营，又分为"祁州卷"和"绛州卷"。

3. **花砖** 由花卷茶演变而来，砖面四周印有花纹。根据2010年6月10日发布，2010年8月10日实施，湖南省地方标准DB43/T 389—2010《安化黑茶 千两茶》规定：以安化黑毛茶为原料，经过筛分、拼配、压制定型、干燥、成品包装等工艺加工而成的砖面四边均有花纹的块状安化黑茶成品。花砖茶1958年以后出现，按照品质特征分为特制花砖、普通花砖两个等级。特制花砖分为采用一、二级安化黑茶毛茶原料压制而成的不同规格产品。普通花砖为采用三级安化黑毛茶原料压制而成的不同规格产品。

4. **黑砖** 黑砖与花砖的压制工艺基本相同。根据2010年6月10日发布，2010年8月10日实施，湖南省地方标准DB43/T 572—2010《安化黑茶 黑砖茶》规定：以安化黑毛茶为原料，经过筛分、拼配、渥堆、压制定型、干燥、成品包装等工艺加工生产的块状安化黑茶成品。黑砖茶创制于1939年，按照品质特征分为特制黑砖、普通黑砖两个等级。特制黑砖分为采用一、二级安化黑茶毛茶原料压制而成的不同规格产品。普通黑砖为采用三、四级及级外安化黑毛茶原料压制而成的不同规格产品。

5. **茯砖** 茯砖茶是黑茶中的高档品种，因在伏天加工，故称"茯砖茶"，也称"伏砖茶""泾阳砖""福茶""附茶""茯茶"等。茯砖茶也是以湖南黑毛茶为原料，经压制而成的长方砖形茶，由于茯砖茶的加工过程中有一个特殊的工序——发花，是使茯砖茶品质变佳的金黄色菌落，俗称"发金花"，金花生长得越多，代表茯砖茶的品质越好。

茯茶中的"金花"

特制茯砖茶砖面色泽黑褐，内质香气纯正且有黄花清香，汤色红黄明亮，叶底黑褐尚匀，滋味醇厚平和。普通茯砖茶砖面色泽黄褐，内质香气纯正，汤色红黄尚明，叶底黑褐粗老，滋味醇和浓厚。

6. **青砖**　以老青茶为原料压制而成，分里茶和面茶，面茶又分洒面和底面。

安化黑茶的鉴别：

形状：看干茶色泽、条索、含梗量，闻干茶香。紧压茶砖面完整，模纹清晰，棱角分明，侧面无裂，无老梗（木质化白梗）；散茶条索匀齐、油润则品质佳；"金花"鲜艳、颗粒大、茂盛是优质茯砖茶和千两茶的重要特征。

香气：黑茶有发酵香，带甜酒香或松烟香，老茶有陈香，茯砖茶和千两茶有特殊的菌花香，野生茶有淡淡的清香。

茶汤：橙色明亮，陈茶汤色红亮如琥珀；好的野生种的新茶汤色也可以红得像葡萄酒一样（安化产量少，价格高）。

味道：醇和或微涩，陈茶润滑、回甘。

注意：

茯砖茶、黑砖茶、花砖茶、青砖茶的区分。茯砖、黑砖、花砖、青砖茶都属于紧压茶中的砖茶类，都经过后发酵过程，但它们又各有特点。

原料不同。

一般而言，同档次的"四砖"，花砖原料要求高于黑砖，青砖原料要求高于茯砖，茯砖要求"发花"所以压得稍松，青砖较紧。

黑砖茶：黑砖茶原料过去分"洒面茶"和"包心茶"两种。洒面茶为

青藏高原上牧民喝的茯茶

手筑黑砖

二级或三级黑毛茶，"包心"为三、四级黑毛茶和部分改制老青茶。1968年以后不再分洒面包心，改为混合压制。

花砖茶：花砖是由花卷（千两茶）改型而来。以三级黑毛茶为主要原料，拼入部分二级黑毛茶，不会拼配老青茶和质量较差的黑毛茶。

茯砖茶：茯砖分"特制茯砖"（简称特茯）和"普通茯砖"（简称普茯）两种，特制茯砖全部采用三级黑毛茶为原料，考虑到春、夏茶和地区品质差异拼配部分四级黑毛茶。普通茯砖原料以四级黑毛茶为主，拼配部分三级毛茶。

青砖茶：分洒面、二面和里茶三个部分。最外一层叫洒面，采用一级老青茶加工，质量最好；其次一层叫二面，采用二级老青茶加工，质量次之；中间的主体部分叫里茶，又称包心，质量稍差。面茶初制分杀青、初揉、初晒、复炒、复揉、渥堆、晒干七道工序。里茶分杀青、揉捻、渥堆、晒干四道工序。

加工方法不同。

黑砖茶和花砖茶的压制工艺相同：先将毛茶进行筛分、除杂，进行原料拼配。再经过称茶、蒸茶、机压、冷却、退砖、验砖、烘干、包装等工序。其中，进烘房烘干时间为10天左右，逐渐升温，出烘时温度可达70℃。花砖茶四边压印斜条花纹。

茯砖茶：其压制程序与黑、花砖茶基本相同，因为茯砖特有的"发花"工序要求砖体松紧适度，便于微生物的繁殖活动，压制时压机压力较小，为促使"发花"，烘干不要求快干，整个烘期比黑、花砖茶长一倍以上。在烘房发花期约为15天，干燥期5天左右。茯砖茶在一定的温度和湿度的条件下，"冠突散囊菌"得以快速生长，形成金黄色的孢子囊，俗称"金花"。传统茯茶选用的原材料为三级、四级黑毛茶，该原料叶薄，色重，有一定的含梗量，无机元素含量高，符合传统茯茶的特殊制作工序要求。现在生产采用科学而精密的机械化、流水线作业，彻底改善了产品质量，提高了产量。技术上突破了无茶梗不发花的传统，使得高档茯茶既保证了传统风味，更提高了其保健功效和产品品位。

"冠突散囊菌" 培植

青砖茶：毛茶入库时，仅为七八成干，经过在仓库抽通风槽堆放，形成自然发酵，3～6个月后，再行加工青砖茶。压制烘干过程与黑砖茶基本相似，但茶砖压制更紧。

品质要求不同。

黑砖茶要求砖面均匀，外形色泽黑褐，香气纯正，可稍有松烟香；滋味纯厚微涩，汤色红黄微暗，叶底暗褐。陈茶有樟香，滋味醇和。

花砖茶要求砖面一致，色泽黑褐，香气纯正，有松烟香；滋味浓厚纯和；汤色红黄，叶底暗褐尚匀。陈茶有樟香，滋味醇和。

特制茯砖要求外形黄褐色，砖稍松，打开砖里，"金花茂盛"，色金黄，颗粒大；香气纯正，有"菌花"香；滋味醇和，有"菌花"味；汤色红黄尚明；叶底黑褐尚匀。普通茯砖较特制茯砖要求稍低。茯砖陈茶要求菌花香浓郁。

青砖茶要求外形色泽青褐，香气纯正，滋味尚浓无青气，水色红黄，叶底暗黑。陈茶滋味甘甜。

（三）六堡茶

六堡茶为历史名茶，因原产于梧州市苍梧县六堡乡而得名，现已发展到广西二十余县。采摘一芽二三叶，经摊青、低温杀青、揉捻、渥堆、干燥制成，分为特级和一至六级7个等级。六堡茶为灌木型中叶种，树势开展，分枝密。从芽色分有4种，即青苗茶、紫芽茶、大白叶茶和米碎茶。其中，青苗茶产量最高，品质也最好。

六堡茶采用传统的竹篓包装，这种包装有利于茶叶储存时内含物质继续转化，使滋味变醇、汤色加深、陈香显露。六堡茶素以"红、浓、陈、醇"四绝而著称。六堡茶成品有散装的，有制成块状的，也有制成砖状、金钱状的，如"四金钱"。

六堡茶采用传统的竹篓包装

六堡茶的鉴别：

六堡茶色泽黑褐光润，汤色红浓明亮，似琥珀，滋味醇和爽口、滑润可口、略感甜滑，香气醇陈，有特殊的槟榔香味，叶底红褐。六堡茶越陈越好，存放越久品质越佳。

提示：

六堡茶根据制作工艺的不同，分为传统工艺六堡茶和现代工艺六堡茶。

传统工艺。

冲泡后的六堡茶汤

传统工艺六堡茶一般由农户或合作社制作，在本地俗称农家茶，市场上也有叫生茶，另外，市场上不乏见单蒸、双蒸的六堡茶，也属于传统工艺。

工序依次为：鲜叶→杀青→初揉→堆闷→复揉→干燥→毛茶。

特点：茶性偏寒，冲泡后茶汤色泽呈金黄色或栗黄色，具有生津止渴，提神明目之功效。喝起来有淡淡的清香，回甘明显。随着存放时间的加长，苦涩味会减淡，陈放多年的六堡农家茶也同样具备"红、浓、陈、醇"的特点。

传统工艺六堡茶分类众多，按采摘季节可分为春茶（社前茶、明前茶、清明茶）、夏茶、秋茶、冬茶；按茶叶的老嫩程度，分为茶谷（茶芽）、中茶、二白茶、老茶婆等种类；此外还有茶花、茶果壳甚至龙珠茶（虫屎茶）等一些另类的茶品。

现代工艺。

现代工艺六堡茶由厂家规模化生产，市场上也叫熟茶、厂茶。

工序依次为：毛茶→筛选→拼配→渥堆→汽蒸→凉置→陈化→成品。

特点：茶性温和，通过人工发酵降低茶叶的苦涩味，迅速达到适饮阶段，冲泡后茶汤色泽红亮，陈化后的茶，陈香明显、口感醇厚、顺滑、绵柔，可以暖胃，安神。

现代工艺六堡茶的分类，除了按年份分新茶老茶外，就是按照原料级别分，从特级到六级不等，目前市场常见，特级到三级较多，四级较少，五级和六级除了年份极老的茶外，基本很难见到。

如何理解六堡茶的"红、浓、陈、醇"？

"红"主要指汤色，红褐透亮。

"浓"主要指味道，茶味浓郁。

"陈"主要指年份，年份久远、陈香明显。

"醇"主要指口感，口感干净，无异杂味，茶汤协调性好，给人的感觉十分愉悦。

老茶和新茶的区别：

10年内，称之为新茶，茶汤慢慢由黄转红，六堡茶处在"红"的阶段。

10～20年，称之为陈茶，或中期茶，处于转化期，品质得到升华，处在"红、浓、陈"的阶段。

20年以上，称之为老茶，茶汤红浓，口感醇和、醇厚，茶气、韵兼备，满足"红、浓、陈、醇"的特点。

第五节　名优黄茶的识别与鉴赏

黄茶为我国六大基本茶类之一，其历史悠久，产地多源，品类丰富，品质各异。尽管目前我国黄茶产销量不大，2020年约为0.97万吨，在我国六大茶类内销茶总量的占比仅0.5%，但其年均增幅为14.6%～22.06%，年增长率仅次于"消费热"的白茶类，成为茶叶消费新增长点。

一、黄茶的工艺

黄茶的制作工艺为杀青、揉捻、闷黄、干燥。黄茶的基本制作工艺近似绿茶，但在制茶过程中加了闷黄，因此具有黄汤黄叶的特点。

1. 杀青　鲜叶通过杀青，以破坏酶的活性，蒸发一部分水分，散发青草气，对香味的形成有重要作用。

2. 闷黄（揉捻）　闷黄是形成黄茶特点的关键，主要做法是将茶叶用纸包好，或堆积后以湿布盖之，时间为几十分钟或几个小时不等，促使茶坯在水热作用下进行非酶性的自动氧化，形成黄色。有的揉捻前堆积闷黄，有的揉捻后堆积或久摊闷黄，有的初烘后堆积闷黄，有的再烘时闷黄。

3. 干燥　黄茶的干燥一般分几次进行，温度也比其他茶类偏低。

二、黄茶的分类

黄茶的特点是黄叶黄汤。黄茶依原料芽叶的嫩度和大小可分为黄芽茶、黄小茶和黄大茶三类。

1. 黄芽茶　原料细嫩，采摘单芽或一芽一叶加工而成，主要包括湖南岳阳洞庭湖君山的"君山银针"，四川雅安、名山的"蒙顶黄芽"和安徽霍山的"霍山黄芽"。

2. 黄小茶　采摘细嫩芽叶加工而成，主要包括湖南岳阳的"北港毛尖"，湖南宁乡的"沩山毛尖"，湖北远安的"远安鹿苑"和浙江温州、平阳一带的"平阳黄汤"。

3. 黄大茶　采摘一芽二三叶甚至一芽四五叶为原料制作而成，主要包括安徽霍山的"霍山黄大茶"和广东韶关、肇庆、湛江等地的"广东大叶青"。

三、名优黄茶鉴赏

1. **君山银针**　君山银针产于湖南岳阳洞庭湖的君山岛，形细如针，故名"君山银针"。其成品茶芽头苗壮，长短大小均匀，茶芽内面呈金黄色，外层白毫显露完整，而且包裹严实，茶芽外形很像一根根银针，雅称"金镶玉"。君山茶历史悠久，唐代就已生产、出名。据说文成公主出嫁时就选带了君山银针茶进入西藏。

君山岛

君山银针的鉴别：

君山银针成品茶按芽头肥瘦、曲直、色泽亮暗进行分级，以壮实挺直亮黄为上。优质茶芽头肥壮、紧实挺直，芽身金黄、满披银毫，汤色橙黄明净，香气清纯，叶底肥嫩、杏黄、香气高爽，滋味甘醇。冲泡后，开始茶叶全部冲向上面，继而徐徐下沉，三起三落，浑然一体，确为茶中奇观，入口则清香沁人，齿颊留芳。假银针为青草味，泡后银针不能竖立。

冲泡后的君山银针

君山银针叶底

2. **蒙顶黄芽** 蒙顶茶是蒙山所产名茶的总称，蒙顶茶自唐代开始，直到明清皆为贡品，为我国历史上最有名的贡茶之一。蒙顶山不仅盛产绿茶名品蒙顶甘露，而且也是黄茶极品蒙顶黄芽的故乡。蒙顶山终年有蒙蒙的烟雨、茫茫的云雾、肥沃的土壤，为蒙顶黄芽的生长创造了极为适宜的条件。

君山银针茶树

　　蒙顶黄芽采摘于春分时节，茶树上有10%的芽头鳞片展开，即可开园采摘。选圆肥单芽和一芽一叶初展的芽头，经复杂制作工艺制成。

蒙顶黄芽的鉴别：

　　蒙顶黄芽形状扁平挺直，芽条匀整，色泽嫩黄，金毫显露，甜香浓郁，汤色黄亮透碧，滋味鲜醇回甘，叶底全芽嫩黄。

冲泡蒙顶黄芽四不宜：

　　蒙顶黄芽是有益于身体健康的上乘饮料。但是饮茶还需要讲究科学，才能达到提精神益思维、解口渴去烦恼、消除疲劳、益寿保健的目的。但有些人饮茶习惯不科学，应该避免。首先不用保温杯泡茶，沏茶宜用陶瓷壶、杯。因用保温杯泡茶叶，茶水较长时间保持高温，茶叶中一部分芳香油逸出，使香味减少，浸出的鞣酸和茶碱过多，有苦涩味，因而也损失了部分营养成分。其次，不用沸水泡茶，用沸腾的开水泡茶，会破坏很多营养物质。例如维生素C、P等，在水温超过80℃时就会被破坏，还易溶出过多的鞣酸等物质，使茶带有苦涩味。因

蒙顶黄芽

此，泡茶的水温一般应掌握在70～80℃。再次，泡茶时间不要过长，蒙顶黄芽茶叶浸泡4～6分钟后饮用最佳。因此时已有80%的咖啡碱和60%的其他可溶性物质已经浸泡出来。时间太长，茶水就会有苦涩味。放在暖水瓶或炉灶上长时间煮的茶水，易发生化学变化，不宜再饮用。最后，不要泡浓茶，泡一杯浓度适中的茶水。有的人喜欢泡浓茶，茶水太浓，浸出过多的咖啡碱和鞣酸，对胃肠刺激太大。泡一杯茶以后可续水再泡3～4杯。

3. **霍山黄大茶**　霍山黄大茶，也称为皖西黄大茶，产于安徽霍山、金寨、大安、岳西等地，以霍山县大化坪、漫水河，金寨县燕子河一带所产的为佳。黄大茶的采摘标准是一芽四五叶，叶大梗长，一般长度在10～13厘米，黄色黄汤，因而得名。

霍山黄大茶的鉴别：

霍山黄大茶外形梗壮叶肥，叶片成条，梗部似鱼钩，色泽金黄油润，香气为高爽焦香，滋味浓厚，汤色黄亮，叶底绿黄。因大枝大叶的茶比较罕见，通常作为判断该茶真伪的一个特征。

霍山黄大茶鲜叶

第六节　名优白茶的识别与鉴赏

一、白茶的工艺

白茶属轻微发酵茶，是我国茶类中的特殊珍品。因其成品茶多为芽头，满披白毫，如银似雪而得名。

白茶的制作工艺，一般分为萎凋和干燥两道工序，而其关键在于萎凋。萎凋分为室内萎凋和室外日光萎凋两种。要根据气候灵活掌握，春秋晴天或夏季不闷热的晴朗天气，以采取室外萎凋或复式萎凋为佳。其精制工艺是在剔除梗、片、蜡叶、红张、暗张之后，以文火进行烘焙至足干，只宜以火香衬托茶香，待水分含量为4%～5%时，趁热装箱。白茶制法的特点是既不破坏酶的活性，又不促进氧化作用，且保持毫香显现，汤味鲜爽。

　　注意：

　　安吉白茶是白茶吗？

　　安吉白茶是绿茶，不是白茶。

　　首先，白茶在一般地区并不多见，国家对于白茶的产地也是有所鉴定，只有在包括福建省福鼎、福安、柘荣等在内的5个市生产的白茶才是真正的白茶。

　　其次，白茶的加工工艺比较特殊，白茶是把茶叶采摘下来后，只经过轻微程度的发酵，不经过任何炒青或揉捻便直接晒干或烘干而成的。但安吉白茶是按照绿茶工艺制作而成的茶叶，鲜叶经摊放后要经过杀青等过程，所以属于绿茶类。

　　那么，既然不是白茶为何又叫安吉白茶呢？那是因为安吉白茶是引种"安吉白茶苗"，所以被称为安吉白茶。

二、白茶的分类

　　白茶为茶中珍品，历史悠久，白茶因茶树品种、原料（鲜叶）采摘的标准不同，分为芽茶（如白毫银针）和叶茶（如白牡丹、贡眉、寿眉）。采用单芽为原料加工而成的为芽茶，采用完整的芽和叶加工而成的为叶茶。白茶为福建的特产，主要产区在福鼎、政和、松溪、建阳等地，台湾地区也有少量生产。

三、名优白茶鉴赏

　　1. 白毫银针　　白毫银针简称银针，又叫白毫，是白茶中最高档的茶叶，采用单芽为原料按白茶加工工艺加工而成。白毫银针芽头肥壮，遍披白毫，挺直如针，色白似银。

白毫银针鲜叶

　　白毫银针的采摘十分细致，要求极其严格，规定雨天不采、露水未干不采、细瘦芽不采、紫色芽不采、风伤芽不采、人为损伤芽不采、虫伤芽不采、开心芽不采、空心芽不采、病态芽不采，号称"十不采"。只采肥壮的单芽头，如果采回一芽一二叶的新梢，则只摘取芽心，俗称之为抽针，即将一芽一二叶上的芽掐下，抽出做银针的原料，剩下的茎叶做其他花色的白茶或其他茶。

　　白毫银针因产地和茶树品种不同，分为北路银针和南路银针。

　　北路银针：产于福建福鼎，茶树品种为福鼎大白茶。外形优美，芽头壮实，毫毛厚密，富有光泽，汤色碧清，呈杏黄色，香气清淡，滋味醇和。福鼎大白茶原产于福鼎的太姥山，太姥山产茶历史悠久。据说《茶经》中所载"永嘉县东三百里有白茶山"，指的就是福鼎太姥山。

　　南路银针：产于福建政和，茶树品种为政和大白茶。外形粗壮，芽长，毫毛略薄，光泽不如北路银针，但香气清鲜，滋味浓厚。政和大白茶原产于政和县铁山高仑山头，于19世纪初选育出。

　　白毫银针的鉴别：

　　白毫银针芽头肥壮，满披白毫，挺直似针，色泽银灰，熠熠闪光。汤色杏黄，滋味醇厚回甘，毫香新鲜。开汤后，芽尖向上，茶芽徐徐下落，竖立于水中慢慢下沉至杯底，条条挺立，上下交错，望之酷似石钟乳。

　　福鼎白毫茶芽茸毛厚，白色富光泽，汤色浅杏黄，味清鲜爽口；政和白毫茶汤味醇厚，香气清芬。

122

白毫银针

2. **白牡丹** 白牡丹是中国福建历史名茶，是白茶中的极品，产区分布在福建的政和、建阳、松溪、福鼎等县市。因其绿叶夹银白色毫心，形似花朵，冲泡后绿叶托着嫩芽，宛如蓓蕾初放，故名"白牡丹"。制造白牡丹的原料主要为政和大白茶和福鼎大白茶良种茶树芽叶，有时采用少量水仙品种茶树芽叶供拼和之用。制成的毛茶分别称为政和大白茶、福鼎大白茶和水仙白茶。

用于制造白牡丹的原料要求白毫明显，芽叶肥嫩。传统采摘标准是春茶第一轮嫩梢采下一芽二叶，芽与二叶的长度基本相等，并要求"三白"，即芽及二叶均有白色茸毛。夏秋茶茶芽较瘦，不采制白牡丹。

白牡丹茶饼

123

白牡丹茶的鉴别：

白牡丹外形特征为毫心肥壮，叶张肥嫩，呈波纹隆起，芽叶连枝，叶缘垂卷，叶态自然，叶色灰绿，夹以银白毫心，呈"抱心形"，叶背遍布洁白茸毛，叶缘向叶背微卷，芽叶连枝。汤色杏黄或橙黄清澈，叶底浅灰，叶脉微红，香味鲜醇。白牡丹冲泡后，碧绿的叶子衬托着嫩嫩的叶芽，形状优美，好似牡丹蓓蕾初放，十分恬淡高雅。

3. **贡眉和寿眉** 贡眉和寿眉不管名字还是外形都颇为相似，让很多茶友分不清，那么它们之间有什么区别呢？

国家最近颁布的新的白茶标准给出了明确定义：

贡眉：以群体种茶树品种的嫩梢为原料，经萎凋、干燥、拣剔等特定工艺过程制成的白茶产品。

寿眉：以大白茶、水仙或群体种茶树品种的嫩梢或叶片为原料，经萎凋、干燥、拣剔等特定工艺过程制成的白茶产品。

从中我们可以看出，两者的区别不大，主要有两点：一是树种，二是采摘原料的等级（时间先后）。

按照建阳的古县志记载，以前的贡眉和寿眉其实就是同一种茶，只是贡眉比寿眉品级要高些。过去两者的原料都采自菜茶茶树（群体种茶树品种），用菜茶芽叶制成的毛茶被称作"小白"，相对应的是福鼎大白和政和大白制成的毛茶"大白"；菜茶的茶芽最早是用来制作白毫银针的原料，后来发现"大白"芽头更肥壮、毫更多，更适合制作银针和白牡丹，所以"小白"就专门用来制作贡眉、寿眉了。

祁宁英福鼎白茶书法

是先有的贡寿还是寿眉呢？

按官方资料记载：寿眉最早称为"白毫茶"，其干茶叶宽多白毫，形似寿星眉毛，故得名"寿眉白茶"，又因采自菜茶茶树种，也称"南坑白""小白"。贡眉一名则源自清廷采购，朝廷采购的物品都被称为贡品，贡品寿眉也就被称为"贡眉白茶"了。如果按照原料等级来说，贡眉较比寿眉采摘时间要早，鲜嫩度也更高，因为菜茶茶树少、产量低，而且产区也主要集中在建阳一带，这里的茶农还是以制作贡眉为主，但在福鼎地区，茶农也用大白和水仙制作寿眉，所以也更习惯将两者统称为"寿眉"。虽然两者在茶树品种和采摘等级上有区别，也并不代表寿眉为次品，贡眉为上品。

4. **老白茶** "一年茶，三年药，七年宝"相信大多数茶友都听过这句话，随着岁月的沉淀才渐渐地喝懂了福鼎老白茶，喜欢喝老白茶的茶友，大都是成熟的成功人士，不浮躁、不显露、不迷失，对世间的沉浮一笑过之。但很多新茶友不知道如何鉴别老白茶、选购老白茶、收藏老白茶，现归纳如下。

一年为茶，说的是当年新白茶，白茶属于微发酵茶，刚制作出来的头年白茶，接近绿茶的口感，茶性比较寒凉，香气清新鲜纯，有类似豆浆的香味，汤色浅黄明亮，汤感爽口清锐，如清泉甘露，滋味相对平淡些。

三年为药，储藏得当的白茶，在两三年的过程中，茶叶内部成分已在发生变化，青气褪去，汤色加深，由浅黄变到杏黄或更深黄，会出现"荷叶香"，香气已渐趋醇和；这个时候的白茶，亦茶亦药，品藏皆宜，大部分人还是最喜欢这个时候的白茶，可以四季品饮，先泡后煮，口感更香醇。

老白茶茶饼

七年为宝，一般来说，白茶存放至五六年、六七年，就已算是老白茶了。这个时候的白茶，香气有清甜花香，细嗅下陈香出现，并且伴随着储藏时间的推移，会呈现出枣香，乃至发展成为一种舒适的"药香"，入口也更加顺滑，甜度、黏稠度也会逐渐增加，真是回味无穷。

选购福鼎老白茶的硬性指标：

第一，看干茶。经过3年以上的陈化，颜色会从之前的绿色渐渐变为深绿色。古铜色、黄褐色、褐色的比例渐渐增多，让老茶呈现出比较老、深沉的色泽。

第二，看叶底。老白茶冲泡过后，叶底颜色较深，主要表现为秋色（冲泡10次及以上）、灰褐色等。叶底好像缎面一样，是有光泽的，是软亮的，用手轻轻触摸，有弹性、柔软。

第三，看汤色。陈年老白茶，汤色有以下变化：1～2泡，汤色主要为赤金色、深赤金色；3～4泡，汤色主要为橙色、杏色；5～6泡，汤色主要为琥珀色、胭脂色。10泡后可煮，煮后的汤色主要呈现为红石榴的颜色，颜色艳丽、汤色通透。

第四，闻香气。有枣香（多见于老寿眉、老贡眉）、药香（所有老茶都有）、陈香（老茶的独特香气）、花香（常见于3～4年品质好的老寿眉）、薄荷香（常见于品质好的老白茶）、粽叶香（所有老茶都有）、稻谷香（常见于白毫多的老茶，如白毫银针、白牡丹）。

老白茶和新白茶的区别：

第一，外形。春季采摘的白茶，越早越鲜嫩，白毫银针柔软的毫毛最多，有芽披白雪的姿态。白牡丹叶片细长怀抱着芽头，整体墨绿色、钴绿色交叠，与茶梗的橄榄绿交相辉映。寿眉茶梗呈浅咖色，枝条粗长，外围被孔雀绿与翡翠绿的叶片围绕，背底带有毫毛的银灰白色。秋季采摘的白茶是寿眉，经过高温酷热后，大体颜色接近深绿色、黄褐色，芽头极小，白毫稀少。

二者相比后，老白茶的外观更加稳重，有老将作风。譬如银针和白牡丹颜色接近深沉的叶绿色和苔绿色，并且已经像黄褐色过渡，白毫依旧清晰可见。寿眉叶大，色调变化更加分明，有赤铜色、浅褐色、淡金色等，有金秋丰收之感。

第二，茶香。新茶的香气是直接明快的，例如当年的春寿眉，干茶白毫香鲜活，尾调是馥郁的花香，类似玉兰花、铃兰花，冲泡后盖香上鲜笋竹香正浓，爽朗气息丰满。而高山白牡丹，首冲注水时花香十足妖娆，外露但不做作，带有些许野百合明媚的气质。

例如2015年的秋寿眉，干茶有浓浓的药香。冲泡后，盖香上粽叶香深沉，仿佛要穿透瓷体，极有魄力。再比如，2013年的寿眉，时隔7年已有浓密的甜枣香，彻底打破了药香粽香的束缚，非一般的老茶可以拥有。

芽毫明显

传统工艺老白茶叶底匀整

第三，口感。春季茶叶生长气温低，高山云雾环绕，遮阴条件优越，茶多酚以及氨基酸含量高，口感新鲜有辨识度。早春的白牡丹，入口后清甜味平铺直叙，花香绕进唇齿间，是金银露的味道，且汤水意外地顺滑犹如蚕丝。咽下茶汤后，回甘纯净，生津感分明。以春寿眉老茶为例，茶梗中的可溶性糖物质大量陈化，叶片内咖啡碱逐渐衰退减少，加重了汤水的厚度。茶汤刚入嘴就包裹住舌根，整体口感醇厚，滋味温和，层次丰富，像是刚吃过一根糯玉米，甜稠地在嘴里怎么也化不开。几冲老茶汤喝过，毛孔被直接打开，沁出薄薄热汗，特别适合在工作后来一杯，缓解疲惫和压力。

第四，茶汤。就新茶的汤色而言，不少人说是"清汤寡水"。像白牡丹的第一泡茶汤，牙白泛银辉，若在阳光下荡漾会有粼粼波光闪现。数冲后，机巧的淡黄色悄然登场，汤色清透明亮，可见杯底的瓷白。老茶不仅年纪大，连汤色也要比新茶浓上几分。例如3年的寿眉，首冲汤水浅杏色，类似北方深秋的银杏叶。3泡过后，出现金黄色；5泡后茶叶内壁被打开，色素物质喷薄，汤水生成赤金色。最后滋味变淡，再用茶壶煮，颜色升级为橙黄色。若是更年长的寿眉，冲泡后会显现橙红色、石榴红、枣红色，像是高脚杯中的波尔多葡萄酒。

老白茶茶汤

第五章

茶事生活之茶器美学

第一节　紫砂壶的基础美学

一、紫砂壶的选购

紫砂壶历来为爱茶之人所喜爱，使用紫砂壶泡茶能较好地还原出茶叶的色、香、味，使茶汤的口感更为醇厚协调。那么，如何选购一把好的紫砂壶呢？

1. **挑壶型**　由于壶的容量大小及造型各异，适合冲泡的茶叶类型也不同，应根据各自的需要选择适合的壶。一般来说，泡乌龙茶，壶以小巧为美；若是泡普洱茶，壶就要相对大些；壶身扁矮、壶口较大的壶适合泡绿茶；身高口小的壶适合泡红茶。

2. **听壶音**　壶在烧制过程中因工艺的不同，在硬度上也有区别。辨别的方法是：用壶盖轻轻敲击茶壶的壶身，或把壶平放在手掌上，另一手以食指轻弹壶身，若声音铿锵悦耳，表明火度适中；若声音混沌低闷，表明火度稍嫌不足；若声音清脆高亮，表明火候稍过或者在泥料中加有玻璃水。一般来说，声音铿锵的壶，适合泡香气重的茶；声音混浊低哑的壶，适合泡滋味重的茶。

3. **闻壶味**　壶的内壁，闻起来应无任何刺鼻的杂味或异味。一般来说，新壶可能会略带土味，如果带火烧味、油味、人工着色味等，则不可取。

4. **看壶态**　一把好壶，应该是外观温润细腻，具有自然光泽，线条流畅，拿上手分量匀称，手感不会前轻后重，或者前重后轻。除了造型特殊的壶外，将壶除盖后，倒置在水平的平板上面，壶嘴、壶口、壶把三者必须成直线。壶盖与壶口的间隙不能太大，壶嘴、壶把、壶钮不应有歪斜的现象，衔接处没有裂纹和残损。

5. **试出水**　壶盖与壶身要紧密，否则茶香易散，不能蕴味。测验的方法是：在壶中注满水，以手指按住壶嘴，然后将壶翻转。若壶的密闭性好，壶盖不会掉下来；以手指按住壶盖上的气孔，壶也倒不出水。松开手指，壶的出水要顺畅有力，水束凝聚不散，壶嘴没有滴沥现象。如果能将壶里的水倾倒得滴水不剩，说明壶的出水性能非常好。壶把的力点应该接近壶身受水时的重心，注水入壶约四分之三，然后慢慢倾壶倒水，顺手为佳，反之则不佳。

梅庄壶

二、紫砂壶的保养

用完后的紫砂壶必须保持壶内干爽，不能积存湿气。放在空气流通的地方，不宜放在闷热处，更不可用后包裹或者密封，放到离油烟或灰尘较远的地方。最好用完后把壶盖侧放，勿常将壶盖盖紧。壶内不要常常浸着水，应到要泡茶时才冲水。最好多备几个好的紫砂壶，喝某一种茶叶时只用固定的一个壶，不可喝什么茶叶都用同一个壶。不要用洗洁精或其他化学物剂浸洗紫砂壶，否则会把茶味洗擦掉，并使外表失去光泽。在冲泡的过程中，先用沸水浇壶身外壁，然后再往壶里冲水，即通常所说的"润壶"。每次用完后用布吸干壶外面的水分，不要将茶汤留在壶面，否则久而久之壶面上会堆满茶垢，影响紫砂壶的品相。紫砂壶泡一段时间后放置几天，一般要晾三五天，让整个壶身彻底干燥。

好的紫砂壶在于养，养壶如养性，养壶是茶事过程中的雅趣之举。壶之为物，虽无情无感，但通过泡养摩挲，茶壶会以其器面的日渐温润来回报主人对它的恩泽。茶之道旨在怡情养性，所以养壶的方式亦应符合这一精神，循序渐进、戒骄戒躁，如此养成的壶才温润可亲。养壶的目的在于使其更能涵香纳味，并使紫砂壶焕发出本身浑朴的光泽。新壶显现的光泽往往都较为暗沉，然而紫砂天生具有吸水性，倘若任其吮吸壶内的茶水，时间久了，便能使壶色光泽古润。如果养壶的方式得当，就能养出晶莹剔透、珠圆玉润的效果。

底槽清泥料德钟壶

三、紫砂壶基本泥料

紫砂茶具的色泽可利用紫泥色泽和质地的差别，经过洗、澄，使之出现不同的色彩，如可使用天青泥呈现暗肝色，蜜泥呈现淡赭石色，石黄泥呈现朱砂色，梨皮泥呈现冻梨色等；另外，还可通过不同质地紫泥的调配，使之呈现古铜、淡墨等色彩。

1. **紫茄泥**　紫茄泥产于江苏宜兴丁山台西（紫槽青、本色紫茄泥）。此泥雍容华贵，气质高雅，藏紫轻红，清秀温润，为泥中极品。烧成后色泽神秘高贵，散发特殊紫砂质感，光洁而气蕴；充分表现茶壶表面肌理，光线折射变化，动人心弦。淋变色率高，逼热恰当合理，适茶性佳，传神而率真，不败茶、不矫揉，平实亲和，品茗佳友，壶中之君子也。适合泡绿茶、红茶、乌龙茶轻焙火系列。

2. **青灰泥**　藏青灰泥，为明末清初广为流传之泥料，近年来开采量少，故成品甚稀，呈深紫灰色调，因满布颗粒，触感特殊，玩家喜呼"鲨鱼皮"，是甚为难觅之特优级泥矿。烧成后双气孔结构明显，空气对流顺畅，简朴古雅，老味十足，别具明代紫砂原料气韵。砂感重而不刮毛，色泽如紫似灰，沉重扎实不妥协，似硬汉风格，十分易于辨识。适合泡红茶、绿茶、乌龙茶等。

紫茄泥六方井栏

青灰泥

3. **底槽青**　底槽青由于产于紫砂最底层，质地特纯，泥质细腻、成色稳重，呈棕色，在近代制壶名家中广泛使用。近年黄龙山四号井，因故崩塌而封井，矿源日益短缺，残留堆积风化之"底槽青"因而愈显珍贵，宜兴紫砂举世闻名，本泥功不可没。此泥做壶泡茶，温和典雅，茶汤韵味悠扬、沉着持久，养泡日久，泥色由棕变幻为古黯肝色，愈显古朴素雅，明润光和。适合泡普洱茶各种系列、乌龙茶轻焙火系列、花茶、红茶、绿茶等。

4. **大红袍**　大红袍产于江苏宜兴丁山赵庄山、黄石黄岩心。此泥红艳夺目，气质高雅，令观者满受瑞气临身，鸿运当头之意，为濒临绝灭之极品朱泥。烧成后质感绵密、紧实细致，持之扎实沉重、红润艳丽，泥中极品，无与伦比。使用须先温壶，亲茶性高；泡茗浑厚醇和，柔顺富口感，颇具泥中王者之风，适合泡乌龙茶轻焙火系列、普洱茶各种系列等。

底槽青

大红袍

5. **原矿段泥** 为江苏宜兴赵庄山系朱泥矿黄石黄之共生矿，经挑拣炼制而成，质坚而温润，呈近田黄色调。段泥适泡之茶较为宽广，一般而言，透气率均佳。茶汤顺和平适，操作冲茗技巧要求不高，甚适生手使用。适合泡半发酵类茶、重发酵茶类（黑茶类）、乌龙茶轻焙火系列、绿茶、红茶等。

原矿段泥

6. **降坡泥** 降坡泥炼制后出现老味十足、橙红中泛黄的样貌，让人观之即生思古之幽情，经泡养后更是老味横生，简直与明清佳泥毫无二致，泡茶骄傲茶汤温顺醇和、回甘强劲。稍一泡养除了"包浆"明显外，更与古代传世巨作之气息、质感毫无二致，为喜爱老壶韵味的藏家们爱不释手之品。适合冲泡乌龙茶轻焙火系列、普洱茶各种系列。

降坡泥

7. **墨绿泥** 墨绿泥黏性佳，张力尚可，细腻密实；制壶光、花均宜，为优质泥矿，产量不丰。制作时较易变形，对窑温要求高，窑温足则色泽温润，不足则色嫩枯燥，原料收集不易，炼制困难与繁杂。烧成后泥色特异，青蓝色中略泛绿光，清秀独特；稍一泡养，色调更显稳实，温润透明，变化甚巨，适合玩赏，茶性温顺滑腻，味香凝聚，此壶泡茶时间易掌控，能以轻松心情泡杯好茶，实为品茗之最佳帮手。适合冲泡乌龙茶、绿茶、红茶、黑茶等各个系列。

8. **本山绿泥** 绿泥疏松不结、张力大、黏性低、砂粒易集结或排挤。烧制中窑温略低则水色不佳，胎骨松，温润度差；窑温高则黑点密布，颜色不均，光泽不佳。烧成后风采脱俗、泥色出众，吸水率佳。似墨绿泥，略偏甜黄色，为较罕见之泥料。冲泡乌龙茶（轻焙火系列）特别适合，热性佳，浓淡易掌握，温润香醇颇值回味。也适合冲泡乌龙茶（中焙火或重焙火系列）、黑茶、红茶、绿茶等。

墨绿泥

本山绿泥

9. **清水泥**　清水泥是紫砂泥料里的一种上等泥料，该泥为纯正的紫泥矿直接陈腐加工成熟泥（紫砂生矿泥外观为石块，成片状结构，经露天堆存自然风化一段时间后，能分解成黄豆般大小的颗粒）。干湿易掌握，稳定性高，黏性合理，成形较易。陈泥需回炼，否则易生黑边、花泥。特点：泥色醇和尔雅，文人气息浓厚，大小作品皆可展现紫砂风华；易与使用者产生共鸣，为明初陶手最喜爱使用的泥料之一。此泥做的壶，使用日久愈呈红润包浆，泡茶易上手，亲和力佳，温度掌握简单，可轻松冲茗，泡养日久愈加红润朴拙，古穆端庄。适合冲泡黑茶各种系列、乌龙茶轻焙火系列、花茶、红茶、绿茶等。

10. **芝麻段泥**　芝麻段泥泥性和段泥一样，芝麻段泥是在段泥中添加了原矿物质，形成独特的风格。

清水泥

芝麻段泥

11. **红泥**　红泥的收缩比优于朱泥，较易烧制，早期为了满足台湾以及其他地区的庞大需求，多以制作成160毫升左右的水平壶，这种壶在20世纪90年代的台湾最多最普遍，一般是用来冲泡乌龙茶，冲泡得越久，发茶性的效果越好。

12. **朱泥**　朱泥绝对是上乘好泥，赵庄老朱泥，系由赵庄山嫩泥矿的底层"黄石黄"中之精华提炼而成；外观呈咖啡黑色，陶之乃现沉重之红锈色，有饱经沧桑之质感，色调朱红而不妖艳，使用日久益现沉蕴古老气息，故以产地之名命之；为濒临绝灭珍贵之名泥。

红泥　　　　　　　　　　　　　朱泥

13. **紫泥**　紫泥呈紫棕色，为较常见之典型紫砂泥，为江苏宜兴黄龙山矿脉所开挖出来的紫砂原矿提炼而成，矿脉里铁质成分较高，泥料内所含颗粒较大，结构疏松，器身明显成双气孔结构，空气对流顺畅，气孔对流较好；日久使用，渐露锋芒，养成变化甚大，为制壶上乘原料之一。

14. **古铜泥**　是紫砂泥料中紫泥加上铁质矿石调配出来的一种泥料。泥性：此泥色泽分明，颜色与其他泥料区别较大。泥色成熟稳重、稳定性佳，易掌控，紧密结实，古朴端庄。特别适合冲泡乌龙茶轻焙火系列，还适合冲泡黑茶、绿茶各种系列等。

紫泥　　　　　　　　　　　　　古铜泥

15. 黑星砂 又叫黑心土，为黄龙山最珍贵的原矿之一。从黄龙山底糟青最底层原矿中发现，内含淡墨色细小夹心层集中而成。提取量极少，烧成后黄褐略泛黑光，气孔明显。适合冲泡绿茶、红茶、乌龙茶生茶（轻焙火系列）。

16. 拼泥 拼泥是由几种泥料拼在一起而成的，程序极为复杂。

黑星砂 　　　　　　　　　　　　拼泥

四、紫砂壶的基本器型

紫砂壶造型多变，主要有以下几类。

（1）以各种生活中常见的几何形体组合成型，如圆形、方形等。

（2）仿瓜果、花木塑造，如松、竹、梅、荷花、桃子、葡萄等，运用浮雕和半圆雕的手法来装饰。

（3）仿生活器物提炼概括成型，如水井、斗笠等。

（4）仿商、西周、春秋战国青铜器造型，如鼎、尊、爵等；仿古代陶器、玉器等的造型。

在紫砂壶上雕刻花鸟、山水和书法始于明代晚期，盛于清嘉庆以后，并逐渐成为紫砂工艺中所独具的艺术装饰。不少著名的诗人、艺术家都曾在紫砂壶上亲笔题诗刻字。《砂壶图考》曾记郑板桥自制一壶，亲笔刻诗云："嘴尖肚大耳偏高，才免饥寒便自豪。量小不堪容大物，两三寸水起波涛。"

据说紫砂壶的创始人是中国明代的供春。从明朝制壶开始，名家辈出，500多年间不断有精品传世。明代后期，紫砂名师时大彬及其弟子李仲芳、徐友泉，有"壶家妙手称三大"之赞；清朝制壶名家有王友兰、华凤翔、陈鸣远等；近代制壶名家有黄玉麟、范林源、朱可心等，当代为顾景舟等。

后人仿制的供春壶

注意：

通常的说法，紫砂壶的创始人是明朝正德嘉靖年间的供春，也叫龚春。《阳羡瓷壶赋·序》中说："余从祖拳石公读书南山，携一童子名供春，见土人以泥为缸，即澄其泥以为壶，极古秀可爱，所谓供春壶也。"可惜供春壶已不得见，现在流传的供春壶多是仿品。当代名家的仿品，价格也要几十万，足见供春壶是多么珍贵。

传统的经典器型有：曼生提梁、八方壶、裙花提梁、六方壶、汉方、十六瓣菊蕾壶、葵仿古、梨形壶、双线竹鼓、寿桃壶、鱼化龙壶、西施、掇球、石瓢、潘壶、仿古、德钟、容天、笑樱、文旦、汉铎、匏尊、汉扁、井栏、汉君、茄段、汉瓦、美人肩、牛盖莲子、秦权、柿圆、一粒珠、玉乳、半月、君德、华颖、合欢、掇只、汉云、乳钉、葫芦、巨轮珠、思亭、线圆、龙旦、仿古如意、虚扁、传炉、唐羽、大彬提梁、鹧鸪提梁、牛盖洋桶、供春、松段、四方、八卦龙头一捆竹、僧帽、风卷葵、报春。

常见器型如下：仿古、石瓢、西施、德钟、笑樱、掇球、掇只、鱼化龙。

仿古

石瓢

西施

笑樱

掇球

掇只

鱼化龙

第二节　铁银壶的养护文化

一、铁壶的选购和养护

铸铁，顾名思义，是指用传统的铸造法纯手工打造的生铁制品。铸铁壶的铁含碳量较高，具有坚硬、耐磨、铸造性好、导热性优良的特质，铁壶壶壁厚实，因此保温效果明显。铁壶煮水后，能去除水中的氯，释放出有利于健康的二价铁，为人体所吸收后可预防贫血。

铁壶烧水沸点温度高，比起一般不锈钢随手泡等要高出 2 ~ 3℃，并且保温时间也更长，利用高温水泡茶，可激发和提升茶的香气。铁壶尤其适合泡普洱老茶，普洱老茶因陈化时间较长，必须用足够的高温水，才能使其内质陈香和茶韵淋漓尽致地发挥出来。

铸铁壶

（一）铁壶的选购

铁壶的选购可以从以下几个方面着手。

（1）看厚薄度。建议选购壶底较厚的铁壶。因为铁壶经由长期的烧煮之后，铁底容易变薄。

（2）看壶的工艺。一把好壶，其工艺必是精益求精的。

（3）检查是否漏水。壶与炉之间放一张吸水的纸，静置半个小时后，看是否渗水。

（4）铁壶是有收藏价值的，在选购时，应考虑其收藏价值。根据制作工艺、材料等，铁壶的价值也有高低之分。有错金、错银的老铁壶大都是以前王公贵族或大户人家使用的，有的还会有鎏金的工艺，这些都会增加铁壶的收藏价值。

（二）铁壶的养护

铁壶本身就已经很重，装水后重量加倍，因此装水时不要装满，执壶时要小心。铁易生锈，茶水不可在壶内隔夜，使用后应及时清洗，要洗净擦干。铁壶还热时，勿快速冷却。如果长时间不使用，可用食用油将内部涂抹一遍，然后置于阴凉干燥处，再用时只要注水煮沸后将水倒掉，就可以使用了。用木炭炉养铁壶最佳，木炭炉不仅能养成其美丽的外表，木炭中的远红外线更能达到杀菌的效果。切忌用火烧，可用电磁炉、电炉，切忌使用瓦斯炉、酒精炉。切忌空烧，空烧会缩短铁壶的使用寿命，甚至导致铁壶破裂。

二、银壶的保养和护理

（一）新壶开壶与保养

高品质银壶制作完成的时候已经做过精细的清洗，存放也相当讲究。开壶的时候，简单烧开一壶水，两三分钟后倒掉，再重复来一次，也就可以了。低品质银壶，就要根据具体情况来定了。

新银壶犹如妙龄少女，面颊吹弹可破。材质越纯越娇嫩，稍硬一些的布擦拭都可能形成表面划痕。新壶开壶后一两个月内，最好每次用完都要趁着有些余温，用麂皮布或其他软布把壶擦拭一遍。

银壶一旦投入使用，表面肯定会发黄变黑。常温下，银会与空气中的硫化氢反应生成硫化银，银壶变色快与慢主要是由空气成分决定的，加热也会加速变色进程。

景泰蓝银壶

（二）加热与护理

加热器具。银壶要使用电陶炉或光波炉加热，电磁炉无法加热银壶，也不能在微波炉内使用银壶。明火加热银壶，很容易使银壶迅速变黄变黑，影响品相。加水控制在七八成满为好。太满容易造成沸水外溢，不仅会造成危险，还会在壶身上形成流痕影响美观。

切忌干烧。壶内无水时加热银壶，壶表面会变得"煞白"，光亮度下降，还可能造成壶把上的隔热绳等融化。早期有些日本银壶是用锡焊接的，干烧会造成锡融化导致部件脱落。

银壶外表面清理。可用牙膏、牙粉、棉布擦拭清洗银壶外表面，用擦银布效率更高，发黑严重时需使用专业洗银水。

银壶内壁清理。煮茶会使银壶内壁或多或少留下些茶垢，要及时处理。壶内出现水垢时，可用清水加白醋煮一下，再用清水煮一两次；或用小苏打水浸泡一夜后，用棉布擦拭干净即可。

（三）存放与保养频率

存放避免高硫环境，避免接触海水、温泉。闲置最好用保鲜膜或自封袋密封起来，以隔绝空气中的硫化物。

使用存放过程中避免磕碰。银壶各个部件都比较软，有些磕碰可以修复，有些磕碰则无法修复。不要让自己心爱的银壶留下缺陷。

保养频率。使用两三个月的银壶，不必每日保养了，一周不少于一次即可。使用两三年的银壶，一个月保养一两次也就可以了。银本身具有安神静气的功效，擦拭银壶的过程也是调节身心的过程。爱壶人士可以经常打理。

第三节　碗与盏的使用之美

一、盖碗的使用细节

盖碗是一种传统饮茶用具，包括茶盖、茶碗、茶船三部分，象征天、地、人，故称盖碗或三炮台，又称"三才碗""三才杯"，盖为天，托为地，碗为人，暗含天地人和之意。茶船，又叫茶舟，即承受茶碗的茶托子，相传是唐代德宗建中年间（780—783）由西川节度使崔宁之女发明的。这在唐代的《资暇集》中有记载，在建中年间，蜀相崔宁之女，自小喜欢饮茶，但是经常被茶碗烫手，于是她想出了一个用盘子托着茶碗的办法，但又经常滑落，她先是用蜡固定，后用漆固定。这样就形成了盖、碗、托三件套。

盖碗与茶杯

如今大部分地区都有喝盖碗茶的习俗，尤其是在成都最为流行。盖碗茶盛于清代，在四川成都、云南昆明等地，是当地茶楼、茶馆等饮茶场所的一种传统饮茶方法。

（一）盖碗的选购

盖碗的选购可以从以下几个方面着手。

（1）看质地。质地要光洁细腻，因为如果表面不光洁有瑕疵，稍一用久就会积垢，难以清洗。

（2）看其容量大小。盖碗容量大小对于茶叶的冲泡质量起着非常重要的作用。

（3）看做工的精致程度。盖碗要碗形周正，不能站立不稳。茶盖与茶碗要紧密，否则会漏气。

（4）看胎的厚薄。盖碗并不是厚的好，而是薄胎的好。因为薄胎在冲泡时吸热少，茶叶温度高。

（5）看釉色。好釉就像玉的质感一样，光滑细致、晶莹剔透，看起来赏心悦目。

（二）使用盖碗泡茶的步骤

（1）净具。用温水将茶碗、茶盖、茶船清洗干净。

（2）置茶。用盖碗茶饮茶，摄取的都是珍品茶，常见的有花茶、沱茶，以及上等红茶、绿茶等，用量通常为3～5克。

（3）沏茶。一般用初沸开水冲茶，冲水至茶碗口沿时，盖好碗盖，以待品饮。

（4）闻香。待冲泡5分钟左右，茶汤浸润茶叶时，则用右手提起茶托，左手掀盖，随即闻香舒腑。

（5）品饮。喝茶时不必揭盖，只需半张半合，用左手握住茶船，右手提碗抵盖，倾碗将茶汤徐徐送入口中。盖碗茶的茶盖放在碗内，若要茶汤浓些，可用茶盖在水面轻轻刮一刮，使整碗茶水上下翻转，轻刮则淡，重刮则浓。

彩瓷盖碗茶具

注意：

在比较正规的情况下，泡茶用具和喝茶用具往往要区分开。

为帮助茶汤发挥其纯正味道，茶杯应该选用紫砂陶茶杯和陶瓷茶杯。如果是为了欣赏茶叶的形状和茶汤的清澈，也可以选用玻璃茶杯，最好别用搪瓷茶杯。

如果喝茶时使用茶壶，最好茶杯、茶壶配套，尽量不要东拼西凑，注意茶具的组合美。

不要用破损、残缺、有裂纹、有茶锈或污垢的茶具待客。

二、建盏之美

建盏疏于黑瓷，黑瓷茶具始于晚唐，盛于宋，延续于元，衰于明清。宋人衡量斗茶的输赢，一看茶面汤花色泽和均匀度，以"鲜白"为先；二看汤花与茶盏相接处水痕的有无和出现的迟早，以"盏无水痕"为上。时任三司使给事中的蔡襄，在他的《茶录》中就说得很明白："视其面色鲜白，着盏无水痕为绝佳；建安斗试，以水痕先者为负，耐久者为胜。"而黑瓷茶具，正如宋代祝穆在《方舆胜览》中说的"茶色白，入黑盏，其痕易验"。所以，宋代的黑瓷茶盏，成了瓷器茶具中的最大品种。福建建窑、江西吉州窑、山西榆次窑等，都大量生产黑瓷茶具，成为黑瓷茶具的主要产地。黑瓷茶具的窑场中，建窑生产的"建盏"最为人称道。蔡襄《茶录》中这样说："建安所造者……最为要用。出他处者，或薄或色紫，皆不及也。"建盏配方独特，在烧制过程中使釉面呈现兔毫条纹、鹧鸪斑点、日曜斑点，一旦茶汤入盏，能放射出五彩纷呈的点点光辉，增加了斗茶的情趣。明代开始，由于"烹点"之法与宋代不同，黑瓷建盏"似不宜用"。

《茶录》充分肯定了建盏的功用和独秀地位，当今茶人依然垂爱。建窑的名贵品种有兔毫、鹧鸪斑（即建窑油滴）、曜变（即毫变）。兔毫盏是建窑主打产品，主要特征是黑釉表面分布着雨丝般条纹状的析晶斑纹，类似兔毛。鹧鸪斑盏是建盏珍品，产量稀少，主要特征是釉面花纹为斑点状。也像水面上漂浮的油珠，被日本称为油滴。曜变盏是建窑的特异产品，非常难得，极为珍贵，主要特征是圆环状的斑点周围有一层干涉膜，在阳光照射下会呈现出蓝、黄、紫等不同色彩，并随观赏角度而变。

鹧鸪斑（油滴）建盏

建盏之所以受到茶家青睐，其魅力主要在于釉面斑纹。如果没有斑纹，则只是普通的黑釉盏，即使坯质再好，釉色再黑，建盏也不会有太大特色。建盏的制作工艺就是围绕着斑纹进行，建窑的兴衰和它留给后人的许多难解之谜，都隐藏在这些变幻莫测的斑纹之中，建盏的釉面斑纹多种多样，千差万别。

第四节　茶　宠

茶宠，茶人之宠物，是茶水滋养的宠物或是饮茶品茗时把玩之物。为茶水滋养，多用紫砂或澄泥烧制，茶席上小而雅的陶质工艺品，是一道独特亮丽之景。茶宠的出现，可追溯到唐宋饮茶盛行时期，在宋代诗人宋无《寄眠云处士》中的"藓坛情顾扫，茶宠手能煎"，可窥一二。品茗时，用茶刷蘸茶汤涂抹，或剩余茶水直接淋漓，年长日久，则温润可人，茶香四溢。滋养茶宠，其乐无穷。有些茶宠利用中空结构，淋上茶水后会产生吐泡、喷水现象，给品茗休闲增添了情趣。

茶宠与微型盆景

一、茶宠的寓意

在茶桌上常见的茶宠有：白菜、貔貅、麒麟、金蟾、大象、鲤鱼等。它们都有着一定的寓意。

白菜：白菜是"摆财"的谐音，"摆财"代表有钱人家，财源滚滚的意思。

貔貅：貔貅是有口无肛的神兽，它以金银珠宝为食，只有进没有出。雄兽代表财运，雌兽代表财库，一般成对出现，代表招财进宝、镇宅守护的意思。

麒麟："麒麟"亦写作"骐麟"，简称为"麟"，据说麒麟能活两千年，性情温和，不伤人畜，不践踏花草，故又称为"仁兽"。古人把麒麟当作瑞兽，用麒麟象征祥瑞，相传只在太平盛世，或世有圣人时此兽才会出现。

金蟾：金蟾是"金钱"的谐音，金蟾背上背着钱的，代表金钱一串串进家门。金蟾嘴巴中含钱可以转动，代表赚钱的意思。金蟾嘴中没有含钱，则代表吸钱的意思。

大象：大象因善于吸水而闻名，水为财。大象秉性祥和，有吉祥如意、吸财的意思。

蝙蝠：蝙蝠代表福从天降的意思，有五个福字表示五福献寿。和铜钱放在一起表示福在眼前。与日出大海放在一起表示福如东海。与天官放在一起表示天官赐福。

猪：猪肥肥胖胖，圆润饱满，像一个金元宝，历来是富足、祥瑞的象征。

弥勒佛：弥勒佛卧姿、坐姿的比较多，很少有立姿的，大多都表示吉祥如意、延年益寿等。

龟：龟最大的特征之一就是"长寿"，因此具有长生不老的美好寓意。

鲤鱼：鲤鱼象征喜庆、繁荣，鲤鱼跳龙门代表飞黄腾达的意思。荷叶下有鲤鱼代表不想富也难的意思。龙头鱼代表高升的意思。

漂亮的茶宠，都是茶人花时间花心思慢慢"养成"的。其实，在

湿泡台上养护的茶宠

养茶宠的过程中，也是对自己内心的"养"，将在尘世中混迹的心慢慢清洁、滋润，最终展露出自己独特的荧光。

二、茶宠的挑选与讲究

在挑选茶宠时，应该从做工是否精细、泥料好坏等多方面去选择合适的茶宠。胎质细腻、造型精巧、光泽莹润、画意生动的茶宠价值相对较高。刚买来的茶宠是很新的紫砂色，或红或紫或偏白，表面微微起砂。所以在挑选一个合适的茶宠时，应考虑材质对茶的吸收和造型乐趣。根据自己的喜好，选择合适的造型。在美观和趣味都兼顾的条件下，选择适合自己的茶宠。

茶宠是茶桌美学的一个很重要的部分，有些茶人十分讲究，认为是茶桌的风水，很多人养茶宠都是为了求福、求财、求健康，摆放有一定的讲究：需要淋水的茶宠一般摆放在茶盘左上角四分之一的区域，不需要淋水的则茶盘前的一小排。这样既方便主人浇淋茶宠，也方便客人观赏。动物类的茶宠如果是十二生肖的，注意避免与主人的属相相冲。神像茶宠中，建议选择体形较小的弥勒佛做茶宠，且弥勒佛的面孔要背对着主人而面向客人。嘴里含金钱的金蟾要面向主人，财不外流，而没有含金钱的要背对主人面向门外，为向外吸财之意。

三、茶宠养护

茶宠，茶席上不可或缺的精灵，若是缺少了，泡茶便少了点生趣。茶宠讲究的是三分选、七分养，一只漂亮的茶宠，是品茶人花时间、花心思慢慢"养"成的。那么，茶宠要怎么养才能够温润而有神呢？

（1）茶宠并不是只有普洱茶才能养，养护茶宠的茶叶不受限制，但一般以乌龙茶、黑茶、红茶等为好。主要是因为这些茶的茶质养茶宠很容易出效果。如果条件允许建议每个茶宠只用一种茶来养。

（2）一般选择形制适中的，不要太大，因为还要考虑让它身体的大部分起到蓄水存水的功能。

（3）用热茶汤浇淋茶宠，而不要用白开水，并用养壶笔或者毛笔蘸茶水轻轻地擦拭。长久以后，表面便会有较好的光泽，显得更加生动。

（4）砂质也分好坏，但不是问题，日常维护中每天必须用刷子清扫，定期用茶布摩挲，使之保持一定程度的亮泽。宠物吐泡、睁眼等就很容易看到了。

（5）不要求方便，而将茶宠泡在茶水里。这样的做法就像是拔苗助长，虽然看起来茶宠的光泽和颜色变化得很快，但很容易出现色泽不均匀的现象，有经验的人一看光泽就看得出。

第六章

茶事生活之泡饮科学与表达

第一节　泡茶技艺诸要素

一、择水与水温

（一）泡茶择水

中国人历来爱好品茶，泡茶似乎人人都会做，但是并非人人都能泡好茶。好茶还需好水泡，明代茶人张大复在《梅花草堂笔谈》说："茶性必发于水，八分之茶，遇十分水，茶亦十分矣。"水是茶的载体，没有水，茶的色、香、味无法体现。没有好的水，茶的色、香、味也会大打折扣，直接影响茶汤品质。水质不好，不能正确反映茶叶的色、香、味，尤其对茶汤滋味影响更大。

最早提出泡茶的水的标准的是宋徽宗赵佶。宋徽宗赵佶曾在《大观茶论》中写道："水以清、轻、甘、洁为美。轻、甘乃水之自然，独为难得。"后人在他提出的"清、轻、甘、洁"的基础上又增加了个"活"字。

水质要清：水清则无杂、无色、透明、无沉淀物，最能显示出茶的本色。尤其冲泡如龙井一类的绿茶时，水质清则可以透出其纯正的汤色。

水体要轻：水的比重越大，说明溶解的矿物质越多。所以水以轻为美。

水味要甘："凡泉水不甘，能损茶味。"所谓水甘，即一入口，舌尖顷刻便会有甜滋滋的美妙感觉。咽下去后，喉中也有甜爽的回味，用这样的水泡茶自然会增加茶的美味。

水要冽：冽即寒冷之意，明代茶人认为，"泉不难于清，而难于寒"，"冽则茶味独全"。因为寒冽之水多出于地层深处的泉脉之中，所受污染少，泡茶的茶汤滋味纯正。

水源要活：流水不腐。现代科学证明了在流动的活水中细菌不易繁殖，同时活水有自然净化作用。在活水中，氧气和二氧化碳等气体的含量较高，泡出的茶汤特别鲜爽可口。

陆羽在《茶经》中说道："其水，用山水上，江水次，井水下。其山水，拣乳泉石池漫流者上，其瀑涌湍漱勿食之。"用不同的水，冲泡茶叶的效果是不一样的，只有佳茗配美泉，才能体现出茶的真味。因此，历史上就有"龙井茶，虎跑水""蒙顶山上茶，扬子江中水"之说。名泉伴名茶，美上加美。西北人喝茶也讲究水质，因气候特殊喜欢喝盖碗茶，更讲究水的温度，喜欢用开水沸腾水面翻滚泛起像牡丹花一样的开水冲泡盖碗茶，随喝随添，铜火壶是保证牡丹花水最佳茶具。

铜火壶

在一些书籍里讲到一些文人雅士品茶，常会取清晨积在花瓣上的露珠、冬日洁净梅花上的积雪，煮后泡茶。《红楼梦》中，妙玉最为爱茶，她认为煮茶的水比茶本身还要重要。《红楼梦》第41回，她献给贾母的茶，用的是前一年从花朵上积攒下来的纯净雨水，请黛玉、宝钗喝的茶，是从梅花上取下的存了五年的雪水。现在环境质量下降，污染严重。我们如果要喝茶，肯定不能去取花瓣上的雨水或是雪水，也没有条件享受天然的泉水。但是对于喝茶的水，我们可以适当地选用矿泉水，而不是自来水敷衍。

泡茶宜用软水，不宜用硬水。软水沏茶，色、香、味俱佳；硬水泡茶，茶汤易变色，色、香、味也会大受影响。泡茶最好选用天然的活水，如泉水、山溪水，无污染的雨水、雪水次之，清洁的江、河、湖水，以及深井中的活水和净化的自来水，也不失为沏茶的好水。天然水可分硬水和软水两种：凡含有较大量的钙、镁离子的水称为硬水，不溶或只含少量钙、镁离子的水称为软水。如果水的硬性是由含有碳酸氢钙或碳酸氢镁引起的，这种水称暂时硬水；如果水的硬性是由含有钙和镁的硫酸盐或氯化物引起的，这种水叫永久硬水。暂时硬水通过煮沸，其所含碳酸氢盐就会分解，生成不溶性的碳酸盐而沉淀，这样硬水就变为软水了。平时用铝壶烧开水，壶底上的白色沉淀物就是碳酸盐①。

家庭泡茶一般都是用自来水经煮沸后泡茶，如果有条件可将自来水静置20小时左右，挥发水中的消毒气味后再用。若水质不佳，可以多烹煮一会儿，沉淀杂质，消除异味。如果条件容许，家里可以安装净水器。

总之，泡茶水质优劣的顺序依次为：泉水、井水、纯净水、矿泉水、自来水。

（二）泡茶水温

首先把握好煮水的火候。水煮得太老或太生都会影响开水的质量，所以要把握好煮水的火候。古人在煮水程度的掌握上积累了不少经验，至今仍可参考。明代许次纾在《茶疏》中说：

"水一入铫（一种带柄有嘴煮开水熬东西用的器具），便须急煮，候有松声，即去盖，以消息其老嫩。蟹眼之后，水有微涛，是为当时；大涛鼎沸，旋至无声，是为过时；过则汤老而香散，决不堪用。"

从古人的经验可知，水要急火猛烧，水煮到纯熟即可，不能用温火慢煮，久沸再用。

为什么水不能煮得太老或太生呢？这与煮水过程中矿物质离子的变化有关。现今生活饮用水大多为暂时硬水，水中的钙、镁离子在煮沸过程中会沉淀，煮水过"嫩"，尚未达到此目的，钙、镁离子在水中会影响茶汤滋味。再煮，煮沸也是杀菌消毒过程，可保饮水卫生。久沸的水，碳酸盐分解时溶解在水中的二氧化碳气体散失殆尽，会减弱茶汤的鲜爽度。另外，水中含有微量的硝酸盐，在高温下会被还原成亚硝酸盐，水经长时间煮沸，

---

① 刘巧灵，牛丽，朱海燕，2020.水质对茶汤品质影响研究综述.茶叶通讯（4）.

水分不断蒸发，亚硝酸盐浓度不断提高，不利于人体健康，所以隔夜的开水并不宜再次烧来饮用。

其次，合理掌握泡茶水温。泡茶水温与茶叶中有效物质在水中的溶解度呈正相关，水温越高，溶解度越大，茶汤就越浓；反之，水温越低，溶解度越小，茶汤就越淡。不同类型的茶，对水温的要求不同。

高级绿茶，特别是各种芽叶细嫩的名茶，不能用100℃的沸水冲泡，水温过高，会将茶叶"烫熟"，水温最好在80℃左右。茶叶越嫩、越绿，冲泡的水温要越低，这样泡出的茶汤才嫩绿明亮，滋味鲜爽，茶叶维生素C也破坏较少。而在高温下，茶汤很容易变黄，维生素C大量破坏，茶中咖啡碱容易浸出，反而使茶汤滋味较苦。

铫

泡饮各种红茶、黑茶和花茶，则要用100℃的沸水冲泡。如果水温低，渗透性就差，茶中有效成分浸出较少，茶味淡薄。泡饮乌龙茶、黑茶和花茶，每次用茶量较多，而且茶叶较老，必须用100℃的沸滚开水冲泡。有时，为了保持和提高水的温度，还要在冲泡前用开水烫热茶具，冲泡后在壶外淋开水。砖茶则要求水温更高，需将砖茶敲碎，放在锅中熬煮。

不同茶类泡茶水温表

茶　　类	水　　温（℃）
安吉白茶、太平猴魁	第一泡60～65
一般名优茶	80～85
黄茶	85～90
花茶、红茶	95
黑茶	沸水
轻发酵乌龙茶	85～90
重发酵重焙火乌龙茶	90～95

二、翻叶底

很多茶友在冲泡普洱茶、白茶、乌龙茶的时候，喜欢在冲泡过程中翻动自己盖碗中的叶底。殊不知被我们翻了叶底，却还要继续泡的茶，在精于茶道的茶人心里，是一种不尊重茶学技艺的行为。我们在冲泡过程中茶叶叶底是可以看的，但如果茶还要继续泡就不能翻动，也仅仅是鉴赏，等泡完茶后，可以去翻叶底评审。

为什么在冲泡过程中不能翻动叶底呢？这是因为在冲泡时翻动叶底会影响茶汤品质，大部分被翻动过的叶底，随后冲泡出来的茶汤都会变得浑浊，而且翻动过叶底的茶汤，一些不好的滋味也会出现在那泡茶汤中。

其实不翻动茶底，茶汤品质高，茶更耐泡。这是一个小技巧，很多好茶人都会注意这个小细节。

普洱茶的耐泡度也跟这个技巧有关系，一些冲泡古树茶很讲究的人，注水的时候都不会翻动茶底，更不会让你去翻动叶底了。这样平静的冲泡下去，耐泡度会有一定的提高。

若叶底被翻动了怎么修复？我们把翻动过叶底的这泡茶汤倒掉，重新再冲泡既可弥补。

有人喜欢看叶底，可以看出什么？ 看叶底，首先看的是茶汤中的夹杂物和茶汤过滤网里的残留物，便大概知道这款茶工艺把握如何了。其次，看茶底以及揉捏叶底，看的是茶料季节、茶叶的整碎、工艺以及其他异物。近年来，普洱茶的卫生问题得到了很大的提升，但以前的一些老茶，卫生还是存在问题的，茶中会夹杂一些异物，用滤网是很有必要的。

三、干泡法

当下，我们大部分人泡茶用"湿泡法"，但有一种更为简洁方便、更为艺术雅致的泡茶方法——"干泡法"在悄然流行。

对于喜欢喝茶的茶人来说，茶喝到一定程度后，每次泡茶都是生活中的享受。以往有段时间，在一些专业茶人的桌面上，茶水横流，水汽淋淋，大而笨重的湿泡茶盘立在显眼处。而如今，要冲泡出自己想要的那口茶香，可以安静、简约地进行，因为清心雅致的干泡法正当时，现已成为主流。那么，什么是茶的"干泡法"和"湿泡法"，两者有何区别？

1. 湿泡法　就是我们最熟悉的那种泡法，平日看到在大茶台上随意洗茶具茶叶，水直接倾倒茶台的做法称为湿泡。湿泡法最直观的判断方法是茶桌上有没有茶盘，或者说水能不能直接倒在桌面上。茶盘的作用就是可以将洗具、洗茶的水或泡茶时多余的茶水直接倒入，正因为这样，你的整个茶桌看上去是湿湿的，所以就叫湿泡法。现在的湿泡茶盘，源于潮汕工夫茶。由于淋壶等的需要，湿泡茶盘渐渐从一个小茶盘，发展成了现在更加方便的湿泡茶盘、茶台，各种材质，各种形状，近几十年来，大行其势。

2. 干泡法　相较于湿泡法而言，一般不使用茶盘，废弃茶水直接倾倒在垃圾桶而不是茶盘。这样能保持桌面干净且易收拾，还可以随心更换竹席和茶巾的款式，既不乏泡乌龙茶古香古色的风格，又增添了布置茶席的乐趣。这种干泡法，一些人认为是源于台湾，一些人认为是源于日本，甚至有认为是闽南的。其实，干泡法源于何处，并不重要，重要的是，一种泡茶的方式，是否真正符合功夫茶的核心价值。

干泡法和湿泡法的区别。两种泡法的区别：湿泡法用茶盘，泡茶时可以打湿茶盘。干泡法用的一般都是壶承，小而简单便于携带，桌面要求保持干爽，收拾方便。一般做表演均用干泡法，泡茶席不囿于地点，室内户外，溪畔山间，皆可成席。茶兴浓时，席地而居，随手把茗。茶与器皆出于自然，又复归于自然——美茶、美器、美境、美心，天人合一，方为茶之道。

泡茶，不管采取"干泡法"还是"湿泡法"，都应该注意以下两点：客人到来之前应将一切茶具准备就位，

干泡茶席

等客人到来之后进行洗具、赏茶、泡茶等后续工作；洁具只是个形式，茶具应该在准备时就已经清洗干净，而不是当着客人的面把脏兮兮的茶具洗一遍。

四、洗茶

洗茶，是我们在饮茶时习惯性地程序，据考证，"洗茶"一词始于北宋，一直应用于泡茶饮用程式，至今约700年历史。《中国茶叶大辞典》对"洗茶"解释："洗茶即洗去了散茶表面杂质，且可诱发茶香、茶味。"由此可见，洗茶主要有两个作用：一是具有洗去茶表面尘粉的作用；另一层意思则是使干燥的茶叶先受热吸水湿润，形成叶片舒展的萌动状态，便于滋味物质溶解，使茶叶香气物质更好地散发。

大多数人认为，洗茶是洗"泥尘"或是洗"农残"，也有人觉得是心理作用，认为可以把茶叶洗干净。不单普通人有这种认识，就在茶学术界亦有人把"洗茶"列为茶艺规范，在不少茶艺流程中把"洗茶"列成一道必经的环节。但"洗"有表示茶不够干净的意思，会给客人留下阴影，影响品茶的雅兴。因此，现代茶艺中"洗茶"一词，则逐渐改称为了"润茶""醒茶"。而日常泡茶中，无太多忌讳，"润茶""醒茶""洗茶"混用，且口语上"洗茶"使用频率更多。

目前的茶叶生产加工过程，对于稍具规模的加工厂而言，基本都符合清洁化生产的需求。即便对于规模较小的农户或者作坊，茶叶生产过程也基本能做到不着地。茶叶上的"尘"，主要是茶叶的茶毫和生产加工过程中形成的尘状微粒，并非泥土灰尘。食品安全问题是当今社会的热点，茶叶的安全问题也备受关注。市面上正常流通的质量合格的茶叶，其农残和重金属等指标，均在国家标准规定的安全范围之内，即便茶叶中有微量甚至痕量农残，也是以脂溶性为主，几乎不溶于水，泡出来的茶汤也是安全的。根据研究表明，茶叶冲泡后，首先浸出的是带有爽鲜味的氨基酸和带有刺激味的生物碱，如果我们洗茶的时间过长，那么倒掉的茶汤中就含有大量的维生素、氨基酸、生物碱等营养物质。

正规茶企生产的品质较高、较细嫩的名优茶是不需要洗茶的，如名优绿茶和红茶都是正规茶企生产车间，经过严格质检的。细嫩的茶叶，其各种内质在水中浸出相对较快，洗茶会损失大量营养物质，影响茶叶滋味。因此名优绿茶以及细嫩的红茶，不建议洗茶。黑茶需要润茶，因为黑茶是紧压茶，相对其他茶来说原料比较成熟，工艺繁琐，做工时间长，所以黑茶一定要"润"，这样才能充分唤醒茶叶。

我们洗茶注意水温不宜过高，可略低于泡茶温度。时间要掌握好，时间不宜过长，否则营养物质损失过多，滋味较差。根据茶叶叶片的老嫩、茶叶的形状和紧结度、茶叶的揉捻程度、发酵程度以及该茶类主体香气适宜发挥的温度等因素来综合把握。

干泡台

总之，洗不洗茶，没有一个特定的标准，为了喝到好茶，不浪费好茶，最好还是按照茶的特性来决定，也可以按照个人习惯而定。

五、醒茶

黑茶从外形上区分为紧压茶和散茶，紧压茶首先要醒茶，短期内要喝的茶放入紫砂罐或牛皮纸袋中，醒茶三个月至半年，最好定期将茶倒出翻翻，一次装茶量不要超过容器的2/3。醒茶时要注意避光和异味，保持必要的环境温度湿度，湿度则应低于传统仓储湿度60%~80%。

我们以普洱茶饼为例，在普洱茶的品鉴中，醒茶也是一门学问。简单的醒茶过程，让尘封于茶仓的普洱茶重新焕发出活力，提升香气、滋味和口感。

普洱茶和红酒有很多相似之处，其中之一就是"醒"，红酒要醒酒，普洱也要醒茶，尤其年份越老的普洱茶越需要醒茶。普洱茶是后发酵茶，在存放过程中其内含物质变得收敛，冲泡时不容易出味，经过醒茶后，茶香得到更好地挥发，口感也更加圆润滑口。

那什么是醒茶呢？醒茶好比运动前的热身，在这个过程中，尘封的茶叶与空气、水分进一步接触，使茶叶在冲泡时能稳定释放出内含物，达到更好地品饮表现。哪些普洱茶需要醒呢？其实，无论生茶还是熟茶，老茶还是新茶，都是需要醒茶的。醒茶，可以唤醒茶的活性，使茶香更高扬，口感更轻柔。比如普洱老茶：长期存放在低氧、干燥、无光的环境里，内含物质处于低活跃状态，茶香涣散，口感沉闷。醒茶后，可去除杂味异味，茶汤稠度、醇度都会明显提高。

两种醒茶方法：

第一种是"干醒"，指的是冲泡前的醒茶。在茶仓等封闭环境下长期存储的普洱茶，品饮前需要在相对透气的环境中放置 1～3 个月。

第二种是"湿醒"，指的是冲泡时的醒茶。用开水充分浸润茶具后，把茶叶投入壶中，注入热水 3～5 秒后倒掉，然后静置 20～30 秒，待茶叶充分吸收壶中的热气苏醒展开，再注入第二泡水。这样能使茶叶充分浸润，促进茶叶内含物的释放。

普洱老茶醒茶的秘诀，普洱老茶比较珍贵，醒茶也就更加讲究。将老茶投入紫砂壶后，把紫砂壶放在正煮水的铁壶上，时间在 1 分钟左右为宜。这样可以利用蒸汽，快速升高紫砂壶的温度，同时去除壶的杂味，相当于为老茶做了一次干蒸桑拿，通过壶内聚集的温度唤醒沉睡多年的老茶。开盖后可欣赏到老茶舒展姿态，眯眼轻轻吸气，老茶的香韵萦绕脑海，这时再向壶内注水润茶一次后，即可正式冲泡品鉴。

对于散茶可以直接取用无需醒茶，投茶量可根据自己的口感进行调整，一般生茶 7 克左右，时间短的生茶 5 克左右，年份较长的生茶 9 克左右，熟茶一般 6～10 克，壶容量为 150～250 毫升。

具体的泡茶方法如下：

（1）开水淋壶。

（2）在壶温未退时投茶加盖，轻轻摇动使茶吸入热气，一可提香，二可使洗茶醒茶时效果更佳。

（3）掀盖闻茶香，同时辨别茶的优、伪、劣。

（4）洗茶，用沸水悬壶急冲至水溢出壶面，撇去悬浮表面杂质略微晃动即可出水，至壶内无水。

（5）冲水，倾入沸水，盖上壶盖，沸水浇注壶身，高温之下才能使浓郁的茶香充分散发出来。

（6）出汤，将泡好的茶汤倒入公道杯中，可鉴汤色。

（7）分茶，将公道杯中的茶汤分到小口杯里，品茶香，鉴茶汤。根据茶的用量和原料，每壶冲泡次数不同，好的茶叶可冲泡6～8次（普洱茶可达10次以上）。

普洱茶冲泡器具可以为紫砂壶和盖碗杯。茯砖、青砖、花砖、康砖、金尖等也可以采取煮渍法泡茶。如果条件容许，上述茶叶可以采用沸水冲泡法，多用于湘尖、六堡茶、紧茶、饼茶、沱茶等。

在我们日常生活中，普洱熟茶是常见的口粮茶，冲泡也不需要太多的讲究和繁琐，如果拿泡茶四要素——茶、水、器、人来衡量的话，大致注意水温、泡茶器、茶水比例、闷泡时间四方面就可以了。

日常冲泡熟普，我们用得最多的是紫砂壶和盖碗。接着撬茶、称茶、投茶、洗茶、润茶，然后正式冲泡、品饮，在这个过程中，闻香、赏汤、观叶底，一泡茶喝下来，就能大致对茶品的优劣等级作出初步判断。冲泡熟普的水温一般都用沸水，要保障每一次注水都是沸水，可以使用行内普遍认可的吉谷煮水器。投茶比例可以根据泡茶器的容量乘以6%计算，例如130毫升容量的盖碗，投茶约8克，闷泡时间一般由前几泡的三五秒逐步延长。

第二节　科学饮茶

一、饮茶科学

（一）要分季节

茶叶的功效和季节变化有着密切的关系，不同季节饮不同品种的茶对身体更有益。所以，科学的饮茶之道首先是四季有别：春天冰雪消融，风和日丽，万物复苏，此时饮用浓香馥郁的茉莉花茶为好，可以驱散冬天积聚在体内的寒邪，促使人体阳气生发，精气神为之一振。夏天气候炎热，酷暑逼人，人体津液大量损耗，此时以饮用性味苦寒的绿茶为好，清汤绿叶给人体以清凉之感，可以消暑解热，而且绿茶内茶多酚、咖啡碱、氨基酸等含量较高，有刺激口腔黏膜促进消化腺分泌的作用，利于口腔生津。秋天天气凉爽，气候干燥余热未消，人体津液没有完全恢复平衡，此时以饮用乌龙茶（青茶）为好，乌龙茶茶性介于红绿茶之间，不寒不热，既能清除余热又能恢复津液。在秋季也可红、绿茶混饮，充分发挥两种茶的功效。冬季北风凛冽，寒气袭人，人体阳气易损，可以选用味甘性温的红茶和黑茶为好，如红茶红叶红汤给人以温暖的感觉，以温育人体的阳气。另外，红茶可加奶加糖，有暖胃生热的功效，同时红茶有助消化去油腻之功，有利于冬季进补肥腻。

一般情况下，春夏两季，可以喝一点绿茶和乌龙茶，能起到清热解暑的作用。秋冬季则适合喝一点红茶或者黑茶，这两种茶是温热性质的，可以起到驱寒的作用。

（二）要分时间

对于普通大众来说，上午喝茶，可提神醒脑。午后喝茶，可解困提神、提高工作效率。晚上一般不要选绿茶，因为绿茶提神，会影响睡眠；可选黑茶，不但不会影响睡眠，还可帮助入睡。对于喜欢喝茶和嗜茶的茶人来说，可以一日不同的时间安排饮用不同的茶叶。清晨喝一杯淡淡的高级绿茶，醒脑清心。上午喝一杯茉莉花茶，芳香怡人，可提高工作效率。午后喝一杯红茶，或牛奶红茶，或高档绿茶，外加一些点心和果品，可解困提神，补充营养，提高下午的工作效率。晚上，与朋友或家人团聚在一起，泡上一壶上好的岩茶或普洱茶，清香味醇，且耐冲泡，边谈心边喝茶，其乐融融。

吃肉时一般不要喝茶：虽然茶能解腻，但茶叶中大量的鞣酸与肉中的蛋白质结合形成鞣酸蛋白质，会使肠蠕动减慢，既容易形成便秘，又增加了有毒和致癌物质被人体吸收的可能性。

吃饭时一般不要喝茶：一是饭前大量饮茶会冲淡唾液使饮食无味，还会暂时使消化器官及吸收蛋白质的功能下降，影响蛋白质的吸收。二是不要饭后立刻饮茶，食物在进入胃后，要经过各种酶和胃酸的作用才能转化为人体可以吸收的营养物质，而胃中又含有浓度为0.5%的胃酸，因此饭后如果立即喝茶，茶中含有的多酚会与食物中的蛋白质和铁质发生络合作用，影响人体对蛋白质和铁质的消化吸收。由于茶水会冲淡胃液，从而延长食物油的消化时间，增加胃的负担，长此下去会使胃受到损害，影响身体健康。一般来说在饭后一小时内不宜喝浓茶。

（三）要饮用适量

对于普通人来说，饮茶要适量，并不是多多益善，茶水过浓会影响人体对食物中铁和蛋白质等营养的吸收，因此应控制饮茶数量，根据人体对茶叶中药成分和营养成分的合理需求，以及考虑到人体对水分的需要，成年人每天饮茶量以每天干茶5～15克为宜，以8～10杯为好。喝茶并不是多多益善，而须适量，尤其是过度饮浓茶会使中枢神经过于兴奋，心跳加快，增加心、肾负担，晚上还会影响睡眠，而且高浓度的咖啡碱和茶多酚等物质会对肠胃产生刺激，抑制胃液分泌。

合理地饮茶量只限于普通人群，每天用茶总量的建议具体还需考虑人的年龄、饮茶习惯、所处的生活环境、气候状况和本人健康状况等。如运动量大，营养消耗多，进食量大或者以肉类为主的人群，可增加每天的饮茶量；对长期生活在缺少蔬菜瓜果的海岛、高原、边疆等地区的人饮茶量也可多一些，可以弥补维生素等摄入的不足；而对那些身体虚弱、缺铁性贫血、心动过速等病疾的人，一般饮用淡茶，少饮甚至不饮茶。普通人建议每天泡饮干茶12克左右最合适，分3～4次冲泡。吃油腻食物较多、烟酒量大的人可适当增加茶叶用量。孕妇、儿童、神经衰弱者应少饮茶。

（四）不宜喝浓茶解酒

为了能让头脑清醒，许多人喝酒后大量饮浓茶来解酒，殊不知这样做会对身体造成很大伤害。酒精对心血管有刺激作用，浓茶同样有兴奋作用。

饮酒后心跳会加快，若再大量饮浓茶会加重心脏负担。喝酒后酒精进入胃后直接进入血液，然后再进入肝脏转化成乙醛，再转化成乙酸，最后分解成二氧化碳和水经由肾脏排出体外。二氧化碳和水是正常的代谢物，所以对肾没什么危害，而喝浓茶醒酒则跳过了这一步，茶中的茶碱有利尿的作用，可以使人体内的乙醛直接到肾脏，对肾是有害的，经常酒后喝浓茶，会导致肾功能障碍。

二、饮茶温度

泡茶需要合适的水温，喝茶也是需要合适的温度的。适合的饮茶温度，不但关乎茶的滋味、有益元素的释放，还关乎您的健康。那么多少摄氏度才算适宜呢？首先来看一组国外数据，国外关于饮茶温度有哪些研究呢？

2011年9月英国著名杂志《英国医学》刊登了一篇《饮用69℃以上茶可增加患食道癌的风险》的研究报道：建议少饮用69℃以上的茶；饮用沏好不到2分钟的茶与沏好4分钟之后的茶相比，危险高5倍；最佳饮用温度为56～62℃。

温度过高的茶，会烫伤体内哪些部位？很多人会辩解说，注意不要烫到嘴皮，一口喝下去不就完了吗，热茶喝进肚子里，浑身冒汗才爽啊？其实，烫伤口腔都还只是表面问题，烫伤食道和胃黏膜问题可就严重多了。食道上的黏膜是一层很脆弱的膜状结构，只能耐受50～60℃的温度。一杯茶刚泡出来的时候，至少也有85℃左右，直接一饮而尽，怎么会不烫伤黏膜呢？同样的道理，除了喝热茶，平时吃饭的时候也注意不要吃过冷或过烫的食物，减少温度对胃黏膜的伤害。太凉也不可取，如今比较受欢迎的乌龙茶冷饮法和冷泡绿茶应视具体情况而定，老年人和脾胃虚寒者冷饮不可取，因为绿茶和乌龙茶本身性偏寒，加上冷饮其性寒又得以加强，对脾胃虚寒者会产生聚痰、伤脾胃等影响，对口腔、咽喉、肠道消化等也会有副作用。

饮茶温度究竟如何把握？泡茶时的用水温度很重要。泡茶也是决定茶好不好喝的重要因素，太冷的水泡不出茶叶里的味道，太热的水又容易将茶叶的有效物质破坏掉。用适宜的温度，先泡出这杯茶原本该有的滋味。"冷""热"都不可取，饮"温茶"效果最佳，建议饮用50～60℃的茶水。温茶，既不会有凉寒之气伤身，也不会有"火气"逼人，性情中和，最宜入口。

平时要选择合适的茶具。如果带有保温效果的杯子，刚泡出来的茶，放置时间可以稍长一点，有时候过了10分钟你再去喝这个茶都会烫着嘴。开口宽阔的小茶杯，散热效果很好，一小杯的容积并不大，稍微放置一会儿，举杯时手指没有明显的"烫手感"即可入口。使用双层玻璃杯喝茶，好处之一就是不烫手，但是缺点就是无法感受到茶汤的温度。使用这类杯子喝茶时，可以试着用嘴唇轻轻接近茶汤边缘，如果还没碰触到茶汤边就已经有烫感，可以再稍微放置一会儿。

俗话说，喝茶温度不对，健康易毁，因此，最佳的饮茶温度，可以使我们的健康更进一步。

三、不同体质的饮茶法

根据体质喝茶，是最合理的。人体有寒热之分，茶亦有寒热之别。寒体喝寒茶，就是雪上加霜，热体喝热茶，就是火上浇油。你是什么体质就该喝什么茶。

不管是喝什么茶，适当的场合、适当的时间、适当的人，喝适当的茶，那样才能发挥最好的效果，起到很好的保健功效。中医认为人的体质有燥热、虚寒之别，而茶叶经过不同的制作工艺也有凉性及温性之分，所以体质各异饮茶也有讲究。

茶叶品种繁多，根据各种茶中茶多酚的氧化聚合程度由浅入深，将各种茶叶归纳为六大类，即是绿茶、黄茶、白茶、青茶、黑茶和红茶。这六大茶类茶性均不同，基本是根据茶叶发酵程度由低至高划分的。一般而言，绿茶和黄茶、白茶由于发酵程度较低，属于凉性的茶；青茶属于中性茶；而红茶、黑茶属于温性茶。

中国六大茶类茶性对比表

茶　类	发酵程度	茶　性
绿茶	不发酵	性寒
黄茶	微发酵	性寒
白茶	轻发酵	性凉
青茶	半发酵	性平
红茶	全发酵	性温
黑茶	后发酵	性温

　　一般来说，燥热体质者，应喝凉性茶，例如，有抽烟喝酒习惯，体型较胖，容易上火者（即燥热体质者），应喝凉性茶。而肠胃虚寒，吃点生冷的东西就拉肚子或者体质较弱者（即虚寒体质者），应喝中性茶或者温性茶。容易上火多喝绿茶或者铁观音，老拉肚子多喝红茶、乌龙和黑茶。

　　绿茶（西湖龙井、安吉白茶、洞庭碧螺春、六安瓜片等）性寒，适合体质偏热、胃火旺、精力充沛的人饮用，且汤色透彻，或水清茶绿，或浅黄透绿，天热、心躁之时品饮，给人清凉爽新之感。绿茶有很好的防辐射效果，非常适合常在电脑前工作的人。

　　黄茶（君山银针、蒙顶黄芽、霍山黄芽等）性寒，功效也跟绿茶大致相似，不同的是口感，绿茶清爽、黄茶醇厚。黄茶归于轻发酵茶，制造工艺近似绿茶，富含很多的茶碱、茶多酚等成分，能影响胃部的活动，因而胃部不适者不适宜饮用。其次，黄茶中富含鞣酸成分，会影响身体对铁的吸收，因而孕妈妈不适宜饮用黄茶，不然可能形成胎儿缺铁。

　　白茶（白毫银针、月光白、白牡丹等）性凉，适用人群和绿茶相似，但"绿茶的陈茶是草，白茶的陈茶是宝"，陈放的白茶有去邪扶正的功效。

　　青茶即乌龙茶（大红袍、武夷水仙、凤凰单丛等）性平，适宜人群最广。有不少好的乌龙茶，特别是陈放佳的乌龙茶，会出现令人愉悦的果酸，中医认为酸入肝经，因此有疏肝理气之功，但脾胃有病症者不宜多饮。乌龙茶中的武夷岩茶，更是特点鲜明，味重，"令人释躁平矜，怡情悦性"。凤凰单丛茶香气突出，在通窍理气上尤为明显。忌空腹饮乌龙茶，因为这样很容易出现茶醉的现象，出现类似头晕、心慌、手脚无力等症状。忌睡前饮乌龙茶，这样只会让自己难以入眠。另外，凉的乌龙茶最好要加温后饮用，因为冷饮乌龙茶会对胃产生不利。

红茶（正山小种、金骏眉、祁门红茶、滇红等）性温，适合胃寒、手脚发凉、体弱、年龄偏大者饮用，加牛奶、蜂蜜口味更好。甜入脾经，具有补养气血，补充热能，解除疲劳，调和脾胃等作用。红茶汤色红艳明亮，情绪低沉之时最宜饮红茶。结石患者忌饮红茶。有贫血的、有精神衰弱失眠的人，饮红茶会使失眠症状加重。平时情绪容易激动或比较敏感、睡眠状况欠佳和身体较弱的人也不宜饮过多红茶，因为红茶有提神作用。胃热、舌苔厚者、口臭者、易生痘者、双目赤红、上火的人、经期孕期哺乳期女性，不宜饮用红茶。

黑茶（云南普洱茶、安化黑茶、广西六堡茶等）性温，能去油腻、解肉毒、降血脂，适当存放后再喝，口感和疗效更佳。脸黑无光泽，喉咙肿痛，食欲减退，下痢，背脚冰冷，腰痛，精力衰退者，饮此茶为好。黑茶汤色黑红艳亮，凉饮热饮皆可，亦可煮饮更妙。

九种体质与六大茶类匹配表

体　　质	特征描述	茶　　类
平和型	正常体质，理想状态，脸色红润、精力充沛	青茶
气虚型	肌肉不健壮，人容易感觉疲劳，声音低弱，易出虚汗，易感冒	青茶/红茶/黑茶
阳虚型	手足不温，胃寒怕冷，穿衣总比别人多，容易夜尿和拉肚子	青茶/红茶/黑茶
痰湿型	人较肥胖，多汗，有啤酒肚，肢体困重，皮肤油腻，易得糖尿病	绿茶/红茶/黑茶
血淤型	黑眼圈，女孩子痛经，年龄大的人血液黏稠，皮肤易出现淤血斑点	红茶/黑茶/青茶
气郁型	体瘦，易闷闷不乐，紧张，缺乏安全感，情绪低落，心慌，喉咙有异物感，易失眠	绿茶/青茶/红茶
阴虚型	皮肤干燥，手脚心发热，脸潮红，眼睛干涩，口易渴，大便易干结	绿茶/白茶/黄茶
湿热型	脸、鼻油光发亮，易生粉刺和暗疮，有口臭，小便短黄	绿茶/白茶/黑茶
特禀型	易起红团瘙痒、荨麻疹，易过敏，皮肤一抓就红	绿茶/青茶/黑茶

第三节　茶事生活的表达

一、品茶术语

了解了品茶专业术语，有助于我们更好地认识与品鉴好茶，以便表达出来。六大茶类，也是性格迥异，风格多变，每一类茶，都有着不同的评判标准和审美角度。"陈味"，对于一般绿茶都算缺点，但六堡茶和普洱茶则必须具有陈香味。"松烟香"，对于一般白茶也属工艺欠缺，但小种红茶和黑毛茶则以松烟味为优点。因此，学"夸茶"是爱茶人的必修课程。

下面，我们从"长相""香气""滋味"和"叶底"四个角度，来聊聊到底应该怎么"品茶"。

1. 绿茶

【长相】

细紧：条索细长紧卷而完整，有锋苗。

细嫩：细紧完整、显毫。

卷曲：呈螺旋状或环状卷曲。

【香气】

馥郁：香气鲜浓而持久，具有独特花果的香味。

鲜嫩：具有新鲜悦鼻的嫩茶香气。

清香：清新清纯爽快，香虽不高，但很幽雅。

花香：香气鲜锐，似鲜花香气。

栗香：似熟栗子香，强烈持久。

【滋味】

浓烈：味浓不苦，收敛性强，回味甘爽。

鲜浓：口感浓厚而鲜爽，含香有活力。

鲜爽：鲜洁爽口，有活力。

【叶底】

翠绿：色如青梅，鲜亮悦目。

嫩绿：叶质细嫩，色泽浅绿微黄，明亮度好。

嫩黄：色浅绿透黄，黄里泛白，亮度好。

2. 白茶

【长相】

毫心肥壮：芽肥嫩壮大，茸毛多而密。

茸毛洁白：茸毛多，洁白而富有光泽。

芽叶连枝：芽叶相连成朵。

银芽绿叶：指毫心和叶背银白茸毛显露，叶面为灰绿色。

【香气】

嫩爽：鲜嫩、活泼、爽快的嫩茶香气。

毫香：白毫显露的嫩芽所具有的独特香气。

鲜纯：新鲜纯和，有毫香。

【滋味】

清甜：入口感觉清鲜爽快，有甜味。

醇爽：醇而鲜爽。

醇厚：醇而甘厚。

【叶底】

肥嫩：芽头肥壮，叶张柔软，厚实。

3. 黄茶

【长相】

细紧：条索细长、紧卷完整，有锋苗。

肥直：芽头肥壮挺直，满披茸毛，形状如针。

梗叶连枝：叶大梗长而相连，为霍山黄大茶外形特征。

金镶玉："金"指芽头呈金黄的底色，"玉"是指披满白色银毫，特指君山银针。

【香气】

清鲜：清香鲜爽，细而持久。

嫩香：清爽细腻，有毫香。

高爽焦香：似炒青香，强烈持久。

【滋味】

甜爽：爽口而有甜感。

醇爽：醇而可口，回味略甜。

鲜醇：鲜洁爽口，甜醇。

【叶底】

肥嫩：芽头肥壮，叶质厚实。

嫩黄：黄里透白，叶质柔嫩，明亮度好。

4. 青茶（乌龙茶）

【长相】

蜻蜓头：茶条肥壮，叶端卷曲，紧结似蜻蜓头。

螺钉形：茶条拳曲如螺钉状，紧结、重实。

鳝皮色：砂绿蜜黄似鳝鱼皮色。

蛤蟆背色：叶背起蛙皮状砂粒白点。

乌润：乌黑而有光泽。

【香气】

岩韵：指武夷岩茶在香味方面具有特殊品种香味特征。

观音韵：指安溪铁观音在香味方面具有特殊品种香味特征。

浓郁：带有浓郁持久的特殊花果香。

馥郁：此浓郁更雅的香气，称馥郁。

【滋味】

浓厚：味浓而不涩，浓醇适口，回味清甘。

鲜醇：入口有清鲜醇厚感，过喉甘爽。

醇厚：浓纯可口，回味略甜。

【叶底】

绿叶红镶边：做青适度，叶缘朱红明亮，中央浅黄绿色或青色。

软亮：叶色发亮有光泽称为"软亮"。

5. 红茶

【长相】

毫尖：指金黄色茸毫的嫩芽。

细紧：条索细长挺直而紧卷，有锋毫。

细嫩：条细紧，金黄色芽毫明显。

乌润：乌黑而光泽，有活力。

【香气】

花果香：香气鲜锐，类似某种花果的香气，如玫瑰香、兰花香、苹果香、麦芽香等。

松烟香：带有浓烈的松木烟香，为小种红茶的香气特征。

高甜：香高，持久有活力，带甜香，多用于高档工夫红茶。

鲜甜：鲜爽带甜香。

鲜爽：香气新鲜、活泼，嗅后爽快。

【滋味】

鲜爽：鲜洁爽口，有活力。

爽口：有一定的刺激性，不苦不涩。

甜浓：味浓而甜厚，高级"祁红"常有的滋味。

鲜浓：浓厚而富有刺激性。

【叶底】

红艳：芽叶细嫩，红亮鲜艳悦目。

红亮：红色明快不炫目。

紫铜色：品质良好的红碎茶之叶底色泽。

6. 黑茶

【长相】

紧度适合：压制松紧适度。

文理清晰：指砖面花纹、商标、文字等标记清晰。

泥鳅条：指紧卷圆直的茶条，状如泥鳅。

乌黑：乌黑而油润。

褐黑：黑中泛褐，是特级茯砖的色泽。

【香气】

松烟香：松柴熏焙带有松烟香，为湖南黑毛茶和六堡茶等传统香气特征。

陈香：香气纯陈，无任何霉味。

【滋味】

醇正：味尚浓，平和。

醇浓：醇厚间有浓稠感。

【叶底】

红褐：褐中泛红。

黄黑：黑中泛黄。

青褐：褐中泛青。

二、品茗术语

作为提升品茶境界的必要过程，品茶术语要懂。

1. **回甘** 顾名思义就是苦味在口中转化后产生甘甜的过程，所谓苦尽甘来。这是品饮普洱茶过程中出现的一种味觉体验，因为多数云南大叶种乔木茶本来就具有强烈的苦涩味道，苦涩过后，口腔里往往会出现一种甜味，这种现象称为回甘。与其他茶类不同的是，普洱茶的回甘一般比较持久，而且很容易渗透到咽喉部位，并不局限于舌面。

2. **生津** 指口腔中分泌出唾液，包括两颊、舌面、舌底。口中生津可以解渴舒顺，滋润口腔。当亚健康状态或身体不舒服时，往往感到口干舌燥，喉头紧锁。只有健康的身体才有自然生津的能力。一些普洱茶、六堡茶、湖南黑茶内涵丰富，故生津功能强，让人舒服。我们在喝茶时，经常很容易就能感受到回甘的感觉，但是往往还有一种感觉容易被忽略，就是伴随着回甘出现的生津。为什么会感到生津？津，就是我们常说的唾液，唾液中含有多种对身体有益的成分，可以促进消化，增强养分吸收；在喝茶时，因为茶中含有的茶多酚、糖、氨基酸、果胶、维生素等物质，可促进口腔排出唾液，这就是"茶生津"。一般来说，品质越好的茶，生津出现得快，时间也越持久。那么，到底生津是怎样一种感觉呢？喝茶有3种生津感受，两颊生津、舌面生津、舌底鸣泉。

两颊生津：当口腔内膜尝到茶汤后，因为茶多酚的刺激，会引起口腔内两侧内壁紧束收敛，形成涩感以及分泌出唾液，这种情况所造成的生津属于两颊生津。但并非所有的涩感都会生津，涩而不开就是不能生津的涩感。两颊生津所分泌的唾液通常是比较多而强。在口感上会觉得比较温和且回甘，有时生津太多还会有口水积得太多的现象。

舌面生津：从生理的角度来说，唾液是由口腔内壁和舌头底部分泌出来的。舌面负责味觉的功能，没有唾液腺。茶汤经过口腔后，口内唾液会慢慢分泌出来，但这种分泌不像两颊生津那样急促强烈，而是更柔和一些。会感觉到舌头上面非常湿润柔滑，好像在不断地分泌出唾液，然后流到舌头两边口腔。但由于生理构成，舌面生津应该是其他处生津，然后蔓延到舌面的一种交叉感受，所以缓和而不迅猛。

舌底鸣泉：两颊生津、舌底鸣泉是普洱茶书上对号级品饮口腔描述常有的生动词语，一般而言，两颊生津常遇，舌底鸣泉虽然表述生动但比较难遇。茶汤经过口腔接触到舌头底部，舌下会清晰地感受到不断有津液生成，像冒出细小泡泡，如同泉水涌动的感觉，这就是舌底鸣泉现象。一般要品饮到很好的茶，才会遇到舌底鸣泉。还有一种技术性的舌底鸣泉：当茶汤入口时，将口腔上下尽量空开，也就是上下牙床张开。闭着双唇，牙齿上下分离，增大口中空间。同时口腔内部得以松弛，舌头与上颚接触部位形成更大的空隙，茶汤得以有机会浸到下牙床和舌头底面部分。当要吞咽时，口腔必须缩小范围，将茶汤压迫经过喉咙，吞下肚子。在口腔缩小过程时，舌头底下的茶汤会被压迫而出，并产生泡泡的感觉，这样的现象也叫鸣泉。这个方法不仅适用于饮茶，喝任何饮料时都可以这么做。

了解到这三种生津的现象，待品饮好茶时，就可以文艺具体地描述生津感受。

3. 喉韵　简单来说就是喝茶之后，茶汤给喉咙带来的感觉，例如得以滋润，解除紧箍的干涸感。因此喉韵一向最受茶友青睐，对于较资深的老茶客来说，喉韵是他们品评茶叶优劣的重要条件。如普洱茶的喉韵可分为甘、润、燥三方面。带有强喉韵的茶，绝大多数属于满口回甘的茶。也就是说，茶汤只有在满足了口腔内的味觉刺激之后，才能够深入到喉部甚至产生食道和胃部发热的感觉。

4. **锁喉** 品茶后，咽喉感到紧缩发痒、过于干燥，吞咽困难等不舒服的感觉，可统称为锁喉。让人有锁喉感的茶品质通常不太好，它锁住喉底，上颚发干，舌头发麻，让人难受，建议大家最好避开这样的茶。

5. **收敛性** 这三个字用的人多，懂的人少。其实收敛性跟茶的苦、涩有关，它是苦、涩味转成回甘之间的感知时间的强度。收敛性越强的茶，苦、涩味在进入口腔后被感知至消退，转成回甘的过程越短；如果收敛性弱，苦涩味在口腔内就会消退得慢或口腔一直都延续着苦涩味。

6. **挂杯** 葡萄酒中的挂杯是指酒液在杯壁中残留的时间，酒液流得越慢，挂杯时间越长，说明酒中糖分越高。而在品茶时提到的挂杯，并非指茶汤挂在杯壁的时间，而是茶香留在杯壁上的时间，留香时间越持久浓郁，挂杯时间越长，说明茶越好。

三、茶香辨闻

不同的茶有不同的香，只要了解六大茶类的一些基本香型，就能轻松学懂茶香了。六大基本茶类品质好的茶香气特质如下：

1. **绿茶** 绿茶是不发酵茶，原料一般比较嫩，因此香气清新淡雅，需要我们静下心来细细品味。

清香：清新淡雅的香，闻起来清爽纯净，大多数绿茶都可以描述为清香。

毫香：由于茶毫毛多而产生的独特香气，在多毫绿茶中尤其明显，比如碧螺春。

嫩香：幼嫩原料与偏老原料制成的茶在香气上有明显的差异，越嫩的茶嫩香越明显。

板栗香：炒青绿茶炒制过程中产生的类似炒板栗的香气，也被形容为炒豆香，比如龙井茶。

烘烤香：烘青绿茶烘制过程中产生的类似烘烤食物的火香，比如六安瓜片。

兰花香：高级绿茶会带有像兰花一样的幽香，非常高雅，比如顶级西湖龙井。

2. **红茶**　似花似果又似蜜。

红茶是全发酵茶，以蜜香为主，还没喝之前，光是闻着就觉得有蜜糖的甜味，也伴随着一些花果香。

花香：发酵程度较轻的红茶带有清新的花香，清扬飘逸，如英红九号就有明显的花香。

果香：比花香更浓郁一点的类似果味的甜香，如祁红。

蜜香：类似蜜糖的甜香，红茶中普遍存在，在滇红中尤为明显。

松烟香：用松木熏制产生的松香味，如正山小种。

3. **乌龙茶**　花果香与火香共舞。

乌龙茶是半发酵茶，香气就更丰富多变了。

虽然乌龙茶和红茶都带有花果香，但是闻起来完全不一样，普通人也能轻易分辨出来。

花香：发酵程度较轻的乌龙茶中存在，如清香型的铁观音具有兰花香，单丛茶具有桂花香、姜花香等。

果香：成熟的水果香，在发酵适度的铁观音、高山乌龙、单丛、岩茶中普遍存在。

蜜香：发酵程度高的乌龙茶会有近似红茶的蜜香，如东方美人。

火香：由于适度焙火形成的烘烤香、炭火味，如足火大红袍，如果烘焙过度会出现焦苦味。

焦糖香：经过适度焙火的茶，都会有明显的焦糖香，通常出现在杯底和壶盖上。

奶香：一些品种的茶树做出来的茶会有牛奶般的香气，如金萱、部分单丛。

4. **白茶**　鲜香、毫香和陈香。

白茶的种类不多，按照原料老嫩可以分为单芽多毫的白毫银针、有芽有叶的白牡丹。

叶片较老的寿眉，嫩的鲜、老的陈，风格大相径庭。

嫩香：原料鲜嫩而具有清鲜的香气，有点类似于绿茶味道，如白毫银针。

毫香：多毫的茶带有特殊的毫香，一般来说，原料越嫩茶毫越多，白毫银针的毫香比白牡丹的明显，寿眉几乎没有毫香。

枣香、药香：白茶陈放成老白茶之后形成的浓厚香气，类似红枣、中药、老木头的陈香。

日晒香：白茶经过日晒，吸收阳光形成气味，在日晒白茶中可以闻到这种难以描述的气味。

花果香：白茶是微发酵茶，无论老嫩都会带有轻微的花果香，但花果香只是一个笼统的说法，与红茶、乌龙茶的花果香不太一样。

5. 黑茶　浓郁陈醇香。

黑茶也非常容易辨别，因为后发酵的工艺，产生的香气与其他茶类完全不一样，一般形容为陈香、醇香。

陈醇香：黑茶特有的后发酵工艺形成的浓醇香气，在各种黑茶中都普遍存在。经过长期存放的黑茶陈香会越来越明显。

木香：黑茶的原料稍老，木质化程度高，因此会带有木质气味。

菌花香：长有"金花"的黑茶所特有的香气，如六堡茶。

6. 黄茶　香气似绿茶一样清新。

不过更偏甜味，有锅巴香、嫩玉米香等，具代表性的茶有君山银针、霍山黄芽等。

7. 茶香层次　茶香有层次之分，真正的茶香应是自然的淡香，是含蓄的、发自内质的香。有些可能是为了掩盖劣质茶叶的香精而已，这方面大家需要引起注意。

不同的茶品有着不一样的茶味香气，今天就跟大家细说茶香的不同层次，当我们在品茶时，细细研究就会发现其中的奥妙与乐趣。

茶香的五个层次

茶香一般分为五个层次：水飘香、香入水、水含香、水生香、水即香。初入茶之门，体验不同层次的茶香，最主要依靠反复的对比，重点是注意力的分配。

第一层：水飘香。初级的茶香，水飘香，茶香肤浅飘扬，闻得见，喝不着，其特征是，泡茶时散发在空中的气味，以及茶汤杯盖等，嗅起来很香，但入口后，香气即大幅下降，甚至没有什么香气。

第二层：香入水。普通的茶香，香入水，茶香大部分弥散开，少部分融入茶汤中，此类茶香给人的体验是：闻起来很香，喝起来也香，不过没有闻着那么香。

第三层：水含香。优良的茶香，水含香，茶香少部分弥散，大部分融入茶汤中，香气下沉，一部分从口齿中发散，一部分从喉咙中发散。体验这样的茶香，方法是：茶汤入口时屏住呼吸，待茶汤下喉后，闭嘴，从鼻腔中缓慢深出气，注意体验香气的源头。

第四层：水生香。上好的茶香，水生香，茶香和茶汤的融合度极好，闻起来几乎不香，但喝完后，香气从喉咙深处缓慢回出，异常持久。此类茶的汤感，通常比较油润。

第五层：水即香。顶级的茶香，水即香，这类茶必须是原料工艺淳化都很优质的茯茶，其陈香浓郁丰富，和茶汤完全融为一体，茶汤流到哪里，陈香就到哪里，且茶汤会随着茶香的挥发而呈现出一种奇妙的"化感"，饮之，有"汤即是香，香即是汤"的美妙感觉。

四、品茶修身

人们在品饮茶汤时所追求的审美情趣，在茶艺操作过程中所追求的意境和韵味，以及由此生发的丰富联想，将饮茶与人生处世哲学相结合，上升至哲理高度，形成所谓茶德、茶道，这就是茶文化的最高层次，也是茶文化的核心部分。

茶道就是以茶作为媒介与载体，通过泡茶、品茶等茶事活动来感悟传统文化、修身养性、陶冶情操、学习礼仪、沟通人事、体味人生，达到精神上的享受和人格上的完善，是使人生达到一种和谐愉快的精神境界的有效途径。中华茶文化博大精深，融入了儒释道的传统哲学理念、传统的伦理与道德标准，并形成"敬"（敬人敬己）、"和"（谦和中庸）、"静"（空灵清静）、"怡"（愉悦怡神）、"真"（返璞归真）的茶道精神。

客来敬茶，以茶示礼，既是一种风俗，也是一种礼节。人们通过敬茶、饮茶，沟通思想，交流感情，创造和谐气氛，增进彼此之间的友情。这种习俗和礼节在人们生活中积淀，成为中华民族独特的处世观念和行为规范。体现在人与人之间的关系与人们的行为上，就是以和谐、和睦、和平为基本原则，来达到社会秩序的稳定与平衡。如在人际关系的处理上，诚信、宽厚、仁爱待人是为了"和"；遇到矛盾时，求大同、存小异，这是一种"和"；在激烈的竞争中，坚持平等、公开、公正的原则，也是一种"和"；对待纷繁、浮躁的世俗生活，要求平心静气，则是另一种"和"。

茶在守操、养廉、雅志、励节等方面的作用也被历代茶人所崇尚。陆羽在《茶经》中追述了自神农至唐代诸多有关饮茶的名人轶事，其中讲到齐国的宰相晏婴以茶为廉，他吃的是糙米饭，除少量荤菜，只有茶而已。晋代的陆纳以茶待客，反对铺张，不让他人玷污了自己俭朴的清名。桓温以茶示俭，宴客只用七盘茶和果来招待。齐武帝在遗诏中说他死后，只要供上茶与饼果，而不用牺牲，并要求天下人无论贵贱，都按照这种方式去做。

低调的人，一辈子像喝茶，水是沸的，心是静的。一几、一壶、一人、一幽谷，浅酌慢品，任尘世浮华，似眼前不绝升腾的水雾，氤氲，缭绕，飘散。茶罢，一敛裾，绝尘而去，只留下，大地上让人欣赏不尽的优雅背影，安静一点，淡然一点，沉稳一点，随意一点。品茶，品人生百态，在一杯茶面前，世界安静了下来，喧嚣、浮华如潮水般褪去，茶——人在草木间，只剩下最纯净的自己。

品茶，与喝茶有别，讲究一个"品"字，可以更大限度地去享受茶叶带来的无限美好。品茶自然也是有讲究的，哪怕是小到持品茗杯的姿势。女士拿品茗杯时，用食指和拇指轻握杯缘，中指轻托杯底，无名指和小指自然轻翘成兰花指，饮茶时虎口朝向自己。这里，三根指头喻为三龙，茶杯如鼎，所以这个姿势称为"三龙护鼎"，女士品茗这样持杯既稳当，又更显雅观。

男士拿杯，将大拇指和其余四指自然环握茶杯，或食指拇指扶杯，中指托住杯子，小指和无名指并拢。这种拿杯方式比

男士拿品茗杯

较霸气，寓意大权在握，更显男士品味和气魄。看似简单的持杯姿势，却无不体现品茶礼仪。中华茶文化源远流长单是品茶礼仪就大有学问，在一些必要场合，讲究品茶礼仪会对我们形象提升起到很好的作用。

2015年1月9日，由青海茶文化促进筹备会主办、茶圣居与大益茶协办的青海河湟茶文化品鉴会，分为男士专场和女士专场两部分。

男士专场特邀青海省著名的文化学者胡其伟、张建青、孙林、井石、马虎城等诸位先生。在古筝悠扬的高山流水中，品茗会拉开了序幕，在欣赏大益八式和大红袍茶艺表演后，与会人员一边品茗一边举行茶文化论坛。其中，著名收藏家胡其伟先生主讲中国茶道精神内涵。青海红十字会长孙林先生主讲茶圣陆羽与《茶经》，并赋诗一首《茶友会吟》：品茶论道古法传，普洱大益今聚贤。焚香净心脱凡尘，聆曲安神得其禅。雅正人生悟法理，趣解春秋知意念。妙处开怀个中事，又是浮生半日闲。省红十字医院张建青院长主讲了茶与医药保健养生。青海省著名作家井石谈茶文化在青海的起源。青海书法家协会副主席、著名律师马虎城先生主讲茶与书法及中国茶文化对国外的影响。青海师范大学教授勉卫忠讲解茶的基本分类及其茶的传播史。青海青年作家刘志强、冶生福和大家交流了茶与文学创作。其间，青海省著名书法家沙雨农、马德龙先生给大家带来中阿书法作品，青年画家林涛带来反映青海大美风光的水粉画，青海著名微型盆景爱好者马雪亮先生还展示了微型盆景。

当代女性作为社会的半边天，与茶礼有着不解之缘，学习茶礼，弘扬茶礼已成为女性日常生活不可或缺的一部分。茶礼最大的好处可以使忙碌的现代女性易于调节繁累的心态，静心养性，以平静与积极的精神面貌迎接工作与生活中的各种挑战，进而潜移默化地陶冶了情操，升华了思想，提高了文化素养。以"诚于中而行于外，慧于心而秀于言"为主题的青海河湟茶文化品鉴会茶圣居女士专场内容高雅且丰富，有茶圣居茶艺师进行

女士泡茶

娴熟、温婉的茶道表演；两位女孩子弹奏悠扬的古筝及现场作画；文学爱好者深谷幽兰从古典文学中的散文类、韵文类和小说戏剧类解析茶文化在历史长河中源源不断的文化底蕴；青海省专业茶师高红梅解说耐人寻味的茶礼。其间还有花道表演及茶道交流等。

本次品鉴会汇聚了茶道爱好者共50多人参与。青海新闻网、青海电视台、穆斯林在线网进行采访报道。茶文化所具有的历史性、时代性的文化因素及合理因素，在现代社会中已经和正在发挥其自身的积极作用。

茶艺只是载体，只是一种形式，更多是给孩子们的一种素质教育。所以认真对待少儿茶艺，是每一个从事少儿茶艺的授课老师必须有的态度。博览群书，才能给孩子们更多的学习兴趣与学习知识。有民族气节，才会让中华传统文化在孩子们的心中生根发芽，才能将真正的中国文化根植于孩子们的内心。

"少儿茶艺"孩子们学习的不仅仅是泡茶的技艺，而是在茶道中学习和传承中华敬老尊贤的礼仪，让我们的孩子懂得礼仪孝亲，学会感恩。在茶艺学习中，让孩子们学会"安静"和"谨慎"，重修品性，树立正确的人生观与世界观。

荣获银川市文化旅游局颁发
"优秀少儿节目选送单位"

在茶道中，孩子们会变得更加专注和富有探索的能力。茶艺会让孩子们的人生多一分雅致和从容。茶道将带领孩子们走向一片开阔而丰富的未知世界。茶道和茶艺将会是父母送给孩子的一个终身"伴侣"。"少儿茶艺"用茶影响孩子，让孩子影响世界，弘扬中华传统文化。

构建社会主义文化强国的精神，弘扬中华文化，构建大学和谐校园，在大学开设茶文化课，就饮茶的起源，茶饮在古代各历史时期的演变和发展，十大名茶，茶具制作的技艺文化，饮茶风俗、茶文学、茶诗、茶词等茶学内容进行了学习。这些内容都可以有选择性的在大学生素质教育中进行综合提炼，形成一门文化教育通识课。通过传授茶文化，让青年人更多地了解传统文化的魅力，增长见识、开阔视野。讲授茶文化不仅能配合高雅文化进高校，繁荣校园文化，提高大学生综合素质，也为他们增加一份入世技能，茶艺师就业前景非常好。

弘扬中华茶文化，对高校精神文化的建设具有重要的意义。通过修习茶文化，无形中会以中国茶德的"廉、美、和、敬"和茶道中对人行为的规范来规约自己，使大学生形成清廉、勤俭、真诚、和睦相处、敬人爱

少儿茶道在西宁香山茶馆举行

人、助人为乐、热爱生活的品格。向学生介绍茶历史与形成，以及茶艺表演知识和中国茶德精神——"廉、美、和、敬"精神的介绍，以"和"为核心的茶德内涵，其中的"和"，不仅包含着人与人的和谐、人与社会的和谐，还包括与自我的和谐等方面。在人与人的和谐方面，就是人际关系的调整。重视人与人和睦相处，待人诚恳、宽厚，互相理解、关心，与人为善、团结、互助、友爱，达到人际关系的和谐。在人与自我的和谐方面，就是要保持健康的心理，塑造自尊自信、理性平和、积极向上的社会心态，能正确处理人与自然、人与社会的关系。

北方民族大学开设茶文化课，旨在通过讲授中国茶事历史、茶叶分类、茶具、泡茶的技艺文化等茶学内容，促进茶文化进校园建设，带动更多年轻人了解传统文化魅力，修习中国茶德，保持身心健康，树立积极心态。任课教师、中国国际茶文化研究会理事、青海省茶文化协会副会长勉卫忠介绍，学校将以此为契机，打造北方民族大学中国茶文化研究与教学科研平台，组织开展茶文化研究、讲座和教学活动，丰富校园文化，增强各族同学对中华文化的认同，铸牢中华民族共同体意识的茶文化基础和实践，使中华茶文化的美好与清香走进"象牙塔"，成为传承中华优秀传统文化的鲜活名片。

总之，中华茶道，很大程度上是在树立茶德的基础上创立的。中华茶文化继承了儒释道的精义，把饮茶等茶事活动融入哲理、伦理、道德，通

和外聘师芳、白静老师在北方民族大学

过茶的品饮来修身养性，陶冶情操，品味人生，参禅悟道，达到精神上的洗礼和人格上的提炼，这就是饮茶的最高境界——茶道。中华茶道精神认为，茶道修习的必由途径就是将"敬""和""静""怡""真"的茶道精神浓缩到茶事活动中，以达到提升人格修养之目的。

第七章

茶室的空间美学

第一节　茶室空间的选址

　　越来越多的人喜欢喝茶，常常幻想能在家中拥有一个别具情调的小茶室，一边听着行云流水般的琴曲，一边晒着暖暖的阳光，和三五知己，闻着悠悠的茶香，品着沁心的茶水，细数光阴的淡定……如今，饮茶嗜好遍及全球，茶室成为越来越多中国人家庭中的必备生活功能空间。

　　茶室是一个可以静心、静茶的地方。朴素的茶室空间，体现的是一种简单，是一种原始的茶味。茶道的雅俗共赏，已经深入中国人的骨髓。茶从口中入，道至心间生，打造一个素雅简淡的中式茶室，是每个爱茶人的心中所求。中式茶室贵在至简，淡雅的色彩，简洁的线条，再加一方清新雅致的茶席，人们便能在茶香袅袅中，得到一种味觉飨宴之外的欢愉和满足。一个杯子，几片茶叶，再注入滚烫的开水。看茶叶如青螺入水般旋转下沉，茶水似流体碧玉般晶莹透亮，满屋清香，令人心醉。在品茶的过程中，无需精巧别致的茶具，也不必用价格不菲的名茶，只要静下心来细啜慢饮，不倚外物，不假形式，就能获得如洗涤灵魂般的神清气爽。茶室的光效渲染，对于提升其高雅格调，有着莫大的作用。一个有灵气的茶室，还可以用音乐来营造意境。当轻柔舒缓的韵律在空间缓缓流淌，就好似云中传来的天籁之音，整个人都会变得恬静、安宁。燃一线香、沏一壶茶，或独自细品，或与一好友对饮，从繁杂琐碎的日常生活中释放心情，你会发现一切竟如此沉静……

　　茶室，贵在删繁去奢，精在体宜。去除浓墨重彩的色调，摒弃雕梁画栋的繁复，仅靠自然之美就散发出古雅而清新的魅力。朴素的茶室空间，体现的是一种简单，真正的平静，不是避开车马喧嚣，而是在心中修篱种菊。风尘俱静，禅味悠长。这里有宁静致远的格局，有清风自来的淡泊，有返璞归真的绝俗，有身心寂静的归宿。有这样一间茶舍，开在幽僻处，偶寄闲情，暂忘尘嚣，把平淡的日子过成超然。

　　洁淡雅的基调，中式风格的意境，无论是木质的色彩，还是中式流畅的线条，都给人一种宁静致远的感觉，新中式茶室的装修讲究一种韵味，从传统茶文化出发，烘托茶韵。繁华终归是过眼云烟，一杯茶最初再香，也会沏至无味。只待静静接受，默默相守。

　　那么作为喝茶的空间，茶室该如何选择和布置呢？可以设置在哪些地方呢？所谓私家茶室就是家里的一处品茗会友之地，它不同于客厅，更强调满足个人品茶的爱好，会客则是次要功能。千万不要以为，只有家的面积足够大才可以打造茶室，其实，只要你喜欢，餐厅、书房、客厅、阳台都能成为它存在的地方。

家庭茶桌上的微型盆景和茶具

　　1. 独立茶室　如果家里空间足够大，专门开辟一间房来做茶室那就最好了。除了满足功能需求之外，与整体风格和谐统一即可。

　　2. 窗边茶室　能带来阳光与好空气的窗边角落，一定不能放过，如果没有独立的空间做茶室，窗边是我特别推荐的茶室位置，闲暇时约三五好友或者独自一人，喝茶看风景，与阳光作最亲密的接触。

　　3. 书房兼茶室　如果你的家庭茶室主要是为了个人品茗爱好和求得一方宁静、放松的空间，把书房与茶室结合是个好选择。茶香书香相得益彰，更添几分高雅。

4. **客厅兼茶室** 中国人的家庭中，客人来了都会泡上一壶茶来招待，这是礼仪。如果你经常以茶会友，客厅的面积也比较大，在客厅开辟一个开放式或者半开放式的茶室，也是一个非常不错的选择。

5. **餐厅兼茶室** 餐桌平常只在吃饭时使用，使用率并不高，可以考虑选择低一点的餐桌，这样空闲的时候可以当茶桌用，饭后闲谈喝茶，促进家人之间的感情，没有比把茶室建在餐厅更为方便实用的了。席坐煮茗，品味茶香，或听雨或赏雪，或沐浴午后阳光，偷得浮生半日闲。

品茶空间的味道更多是从家具、配饰去体现，茶几、茶桌、茶椅等要与古雅风格相合，花草、字画、瓷器、古琴更能增添一分意趣，但也要适当搭配，偶一点缀即可，不要满屋堆砌，给人压抑的感觉。品茶用具本身就是凸显空间美感的良器，即使空间狭小难以承载过多的家具、配饰，仅仅是茶台、茶具、茶宠也足以点亮空间[1]。

家居中的品茶空间也是丰俭由人，可以根据家庭的面积、人口等实际情况来选择饮茶场地，大有大的做法，小有小的洞天。

第二节　茶室空间的布置

一般来说，大家都喜欢在采光良好、空气流通的地方品茗。家庭茶室墙面最好是白色、原木色、米黄色等，家具可以使用竹、木、藤等材质，家具的高度可以适量降低，营造室内的视野宽阔感。同时，也不要忘记在茶席附近预留电线插头，方便煮茶。

一、茶桌与坐具材质的选择

茶桌和坐具可以说是茶室最基本的构成物，最好以自然清新为其主要特点，来表现一种平淡、纯粹、含蓄的生活境界。在茶座和坐具的材质选择上，往往以实木、竹、麻、稻草等为主要材料。既能显示室内装饰的精致，同时也很环保，为你带来大自然的清新气息。

---

① 段丽，2013.中国传统茶文化与现代茶室空间设计研究.成都：四川师范大学.

尤其是在小型的茶室设计中，竹藤木质家具是最常选用的材料，它没有仿古家具那样庄重正式，价格适中，也更有一种返璞归真的格调，尤其在炎炎夏季，竹藤家具总能给人丝丝清凉舒爽之意。如果你不知道如何入手打造茶室，不妨先从一张麻席、一席竹帘开始，它们都是营造清新氛围的绝佳之选。

有些茶友喜欢更加富有现代感的设计，也可以选择钢化玻璃和塑料等材质，但注意，选择这一类材质的同时，在所有软装饰物方面也要选择相搭配的现代风格。

二、装饰物的妙用与格调的呈现

茶室有四雅：茶具、器物、盆景、水墨画。

茶具，即茶壶、茶杯、茶勺等饮茶的器具；也引申到茶笋、茶籝、茶灶、茶焙、茶鼎等专业级"装备"。一套漂亮的茶具固然重要，但要打造出一个风雅的茶室，需要主人在其他装饰物的选择上多花心思。

茶室空间

装饰物可分为摆件、挂件等，绿色植物、插花、雕刻品、雕塑品、金银器、古铜器、瓷器、陶器、玉器、琴棋书画等都可以作为选择。还可以用作农的蓑衣、渔具、磨盘，或南瓜、葫芦等瓜果蔬菜来营造一种浓郁的田园气息。也可以运用少数民族的毛毡、江南情调的蓝印花布、老北京的泥人或者剪纸、脸谱、织绣等地方民俗品、工艺品，来表现地域风俗，打造富有地缘特色的茶室，都是极其富有情趣的。

三、灯具的运用与意境的搭建

照明设计是茶室环境设计的一个重要议题，在烘托氛围上起到重要作用，茶室一般选用局部照明的方式，这种照明方式可以产生虚拟空间，有很强的暗示作用，并且能够起到良好的视觉效果，增强空间的层次感。灯光布置可以选择4 000～5 000开，因为这是最接近日光的色温，既不过白，也不发黄，给人朦胧婉约的意境。吊灯、壁灯、落地灯、中国的红灯笼、西式的汽灯、东南亚的藤编灯，都有各自的味道，灯具的选用要结合茶室家具和装饰物的整体风格，不能显得突兀和怪异。

总而言之，茶室是一个综合体现格调与品位的地方，设计无处不在，你可以将自己的匠心展现在许多细节上，从整体上把握好茶室的风格和格调，合理设计各要素的组合和搭配，打造一个精致、洁净，饱含情趣、富有文化感的茶生活空间。

第三节　茶室茶席的设置

"茶席"从广义上来说，泡茶席、茶室、茶屋等都包括在"茶席"之中，即在品茶时营造出优雅、清净的空间。从狭义上来说，是指"泡茶席"，即泡茶时摆放茶具的桌面。我们专指"泡茶席"。

茶席一词是近代才出现的，在古代茶文化史料中，并没有茶席一词。但是，古人对茶的追求却一直未曾停下脚步。在唐朝时期，一群出世山林的诗僧与遁世山水间的雅士，把茶文化升华成了以茶礼、茶道、茶艺为特色的中国文化符号。到了宋代，文人雅士喜欢在山水间吟诗、作画、品茶，也喜欢用自然艺术品来装饰茶桌。因此，插花、焚香、挂画与茶艺一起被合称"四艺"。如今，插花、焚香、挂画也常被我们运用在茶席之中。

一、茶席的空间设计

茶席之美，是视觉和心灵的碰撞；是用心的"布"，而不是刻意的

"摆"；是表现茶道精神而规划的一个场所。想要设计一方赏心悦目的茶席，必须先知道它的构成元素。事物的构成有其基本元素，茶席的设计也一样，茶席的布置、摆设需要追寻一种自然的境界，要有艺术理念，要追求淡美，也要有完整的设计。茶席的基本装备有麻布、茶盘（干泡台）、盖碗、茶海、茶杯、茶巾、茶夹、茶滤、茶则、花瓶、小竹帘。至于其他的物件，属于锦上添花，看个人的喜好添置就可以。

在家或办公室设一个茶席，其实并没有那么复杂，反而越简单越好，太过复杂的话反而会破坏了茶席原本的意义。布置一个茶席需要摆放的茶器也是要考虑进去的，这些茶器主要是泡茶需要用到的茶具，分别是水壶、茶壶、壶承、公道杯、茶杯、杯托、茶荷、水盂、茶叶罐，还有茶巾。虽然布置茶席是要秉持越简单越好的原则，但是这些泡茶必备的茶器还是需要准备齐全。

除了准备泡茶用到的茶器外，还需要准备桌布、茶旗和花瓶。可千万别小看这三件物品，它们可是你整个茶席的颜值担当，不过这个还是得看个人的眼光和搭配的技巧，另外最重要的还是让自己感觉舒服。

摆放的顺序也是很重要的，通常是以客人的角度来布置。先把素色的桌布铺在茶桌上，然后再把茶旗铺在桌布上，茶旗的摆放要离泡茶者的距离近一些，但要留出一些空隙，这个空隙是要用来摆放茶巾的。而花瓶则可以随意摆放，只要看起来和谐有美感就可以了。

茶器一般是放在茶席上的，客人右边摆放的是水盂，公道杯、壶承摆在中间，茶壶放在壶承上（壶承是用来装漏出来的水的）。客人左边是摆放茶叶罐和水壶的，靠近客人的一面可依次横向排列茶杯和茶托，茶荷也可以放在离客人近的那一边，方便客人赏茶。

茶席的布置，可以根据个人想象力以及审美，设计出极具特色的意境，也是个人风格和品位的体现。

二、茶席设计的色彩

一个茶席，最先给人的视觉冲击就是色彩。就像我们常说的穿衣不能红配绿一样，色彩是否协调，是决定美感的重要因素。色彩的协调，并非一定要用同一色系或相近的色彩，有时候来一些"撞色"，甚至真的采用红配绿，也可能会有一些意想不到的效果。不过，这毕竟是难度较高的搭配方法。

看到茶席脑海里可能首先浮现就是"小清新"一词，茶具、插花、茶汤都给人一种淡雅宁静的感觉。倘若这里面加上一点大红或大紫，便会让人感觉尖锐而不适。首先选定最主要的盖碗和茶杯，本次选用的是配套的淡紫色茶具。未必要选择成套，只要色彩能配在一起便可，如白瓷和青瓷等。公道杯不知道配什么？不如就配个最百搭的玻璃公道杯吧，绝对是懒得动脑筋者的最佳选择。但同时也要考虑公道杯的高矮胖瘦等，也会给茶席带来不一样的效果。

茶具定好之后，再来考虑桌旗的颜色。深色的桌旗能对浅色的茶具起到很好的衬托作用，但如果底色太深，又会丧失这种清新的视觉感受。因此，在白色桌旗上叠加一条较窄的灰蓝色桌旗，既能突出茶具，又不会破坏茶席的风格。为了给茶席增添一点趣味，特意把灰蓝色的桌旗斜着铺。

整体基调定下来之后，开始考虑其他的茶具。盖碗的底托，可以用壶承代替。如果是纯白的壶承恐怕会有些单调，这片片花瓣图案仿佛落英缤纷，茶席瞬间灵动了起来。再来看看茶荷和茶匙，青灰色的茶荷，搭配浅色的原竹茶匙，相比深色的碳化竹茶匙更合适。最后来说说插花，青瓷花瓶，插上淡绿色三朵开放程度不同的花一朵大开、一朵半开、一朵未开，旁边再加上一缕有弧度的枝叶，简单又美貌。

三、定员的茶席设计

1. 一人席　一个人喝茶是最容易搞定的，可以用一个竹制茶盘，铺一张布垫。茶具也可以简单一点，用茶壶或是飘逸杯，盖碗可以酌情使用。一般使用紫砂壶需要配一个公道杯，如果直接从紫砂壶里倒茶，茶汤的味道非常不均匀。使用盖碗来泡茶需要的时间会多一些，盖碗的容量通常没有紫砂壶的容量大，使用盖碗也需要配一个公道杯，公道杯通常用玻璃的比较多，但如果盖碗与公道杯是成套的话，用来也是相当顺手的。一个人喝茶，用盖碗比较好控制喝的速度频率，喝一段时间可以停一段时间，不用担心茶汤会冷掉。

2. 二至三人席　跟朋友一起喝茶，可以用茶席或是茶盘茶台，准备茶壶或盖碗，两三个杯子就足够。茶台茶盘是湿泡，可以不用准备茶洗。选茶台需要根据自己茶室、茶桌的风格，同时也要考虑自己的喜好预算，选择石制会稍微好清洗一些，木制的更雅一些，颜色上不太突兀。干泡茶席需要准备茶洗，选择素一点的茶席，就需要配素色的茶具。去户外泡茶的话，要准备外用的烧水工具，用壶与壶承，壶与茶杯可以备用一套。在户外，与朋友聊天也可以聊得尽兴。户外茶席，最好使用便于携带的茶具，太贵重的茶具带出来有风险，瓷杯瓷壶都是不错的选择，至于茶席，也可以带稍微颜色深一些的，便于清洗。

湖畔茶香青海湖茶席大赛"醉"倒八方客

云蒸霞蔚西海滨，幕天席地烹香茗。2019 年 7 月 13 日，来自全国的近百名茶艺爱好者齐聚青海湖畔，净手焚香，烧炭煮茶，这场名为"醉美青海湖"的全国茶席大赛悄然展开。

湖畔的草地上，衬上铺垫，茶艺师在铺垫上将茶具（壶、杯、盏、罐、炉、茶盘、茶巾、茶宠、六君子等）按创意摆设陈列，一枝小花或者一茎绿草点缀其间，香炉内轻烟袅袅，与茶香相互呼应，方寸之地，尽显中华茶文化之博大精深。舞台上，书法、古琴、旗袍秀、香道等国风元素依次展演。青海是"一带一路"的重要节点，从"羌中道""吐谷浑道"到"唐蕃古道""茶马古道"，而茶叶则是"一带一路"上重要物资和文化载体。在青海，无论在青海湖畔还是青南草原，一碗醇香的酥油茶都能勾起

草原上的茶席

各族儿女的无限乡愁，诗人昌耀在《在山谷：乡途》诗中曾写道"前方灶头——有我的黄铜茶炊"，就是对青海饮茶文化的生动刻绘。

青海湖景区相关负责人表示，以往省内外游客关注更多的是青海湖的自然生态之美，而今天，众多游客则可以在青海湖畔领略中华茶文化之美，换种方式致敬圣湖，领略青海湖文化魅力[①]。

3. **多人席**　多人喝茶的茶桌，跟两三个人的差不多，就多了几个杯子，如果想氛围更好，可以准备插花。干泡茶席从视觉上来说是最为简约的，多人喝茶如果准备干泡茶席，桌面会很清爽，适合多人的聊天氛围。如果是户外，也只是多几个杯子，茶席的颜色及用具可以根据户外环境来选择。

四、茶席设计中的插花选择

布置茶席时，除了泡茶与饮茶所用的器具以外，还可以用插花、盆景、香炉、工艺品等对茶席进行恰当的点缀。实际上，中国在 2 000 年前就已经有了原始的插花意念与雏形，在唐代开始盛行起来，插花艺术兴起还是归于人们对自然之物的喜爱。茶席插花常常采用中国传统插花艺术，作品在强调自然美、线条美、意境美的同时，色彩不应过于华丽。常常选用的是松、竹、梅、桃花、红叶、南天竹、百合、荷花、紫藤等。选择花材应注意如下几点。

（1）选择花梢不艳、香清淡雅的花材，最好是含苞待放或者是花蕾初绽的花，花朵不要繁多，也可以选用干花花材或者是人造花材。而太艳丽、太喧、太浓的花都不适合放在茶席上，否则会夺茶之真味。

（2）多选用木本花材，少选用娇嫩草本花材，以延长使用期限。

（3）根据茶会主题选择花材，比如春天选择桃、夏天荷花、秋天菊花或者红叶、冬天梅花，新年选择松竹梅等。

（4）在花材特性上为了和茶室环境相协调，注意要选择东方风格的花材，尽量少选择如郁金香、月季花这样西洋风格的花材。也要注意避免有毒花材，比如夹竹桃、虎刺梅、变叶木等。

---

①　资料来源：青海新闻网，作者：崔永焘，发布时间：2019-07-15 21:08。

（5）茶席中的花材选择与造型要注意符合冲泡的茶叶种类等。比如冲泡绿茶可以选择春日淡雅的小花，冲泡武夷岩茶可以选择一截枯枝老干。

（6）除了考虑茶性，还应该从更多角度来考虑插花和茶席的关系。比如碧螺春是蜷曲状的可以用藤条来呼应，剑片状的叶片可以强调龙井茶的凛冽。

（7）从茶名与花名也可以呼应关系。比如冲泡东方美人可以选择虞美人，但是如果用美人蕉则效果就会适得其反；冲泡竹叶青可以选择文竹，但要是用龟背竹或者富贵竹就会大相径庭。

总而言之，茶席插花是不求繁多的，主要是要达到朴素大方、清雅绝俗的艺术效果。

五、茶席设计中的主体气氛

在茶席设计中，比起茶席美不美，更重要的是要营造出一种气氛，符合季节、天气和主题。

比如在夏季喝茶，我们会尽量选用浅色或玻璃茶具，营造一种清凉感，让饮茶的人也更加舒服。倘若弄得红红火火，即使搭配得再好看，也会让人在视觉和心理上产生炎热不适的感觉。如天气转冷，想通过喝茶来温暖人心，那么在茶具、茶席装饰和茶叶的选择上就要下点功夫了。

先来看看茶席的整体设计，以棕色桌布为底，铺上一条质地粗犷的麻织茶席，茶具的选择以深色和竹木材质为主。茶席的布局是比较常规的干泡标准席。茶壶选用紫砂壶，壶承是可盛水的，下半部是陶制，上半部分是木质，与茶壶的颜色匹配，暖色调的茶具给整个茶席增添一种温暖的感觉。公道杯是磨砂玻璃质感的，比起全透明的玻璃

茶席的布局

公道杯，磨砂的看起来相对没有那么冷。而且，杯口处有一圈金边，更削弱了冷的心理感觉。杯子虽然是白色的，但上面的图案是橘色的柿子，非常符合这个丰收季节。适合的浅色茶具能提亮整个茶席，避免完全深色的沉闷。另外，较高深的杯型，在气温较低的天气里能起到不错的保温效果。适当增加一块木桩作为底托，增加花瓶的高度和层次感，竹木的质感在茶席里也很和谐。其实，只要搭配得当，很多茶具都可以发挥意想不到的用途。茶席的插花，可以选用应季的三角梅（也称簕杜鹃），鲜艳的色彩给稍冷的天气增添一丝暖意。应季的花朵，与主题和季节都会很契合，可以到花店购买或剪取一枝自己摘种的鲜花。最后来说说要品饮的茶。天冷适合饮用红茶、青茶、黑茶等，以上茶品都具有滋味温润的特点，能给饮茶的人带来舒适温暖的感觉。

让品茶人可以在这种与茶浑然一体的环境中获得更深刻、更丰富的心灵感受。令品茶人获得味觉、视觉、嗅觉，物质与精神，心灵与感官的全面满足，这才是茶席真正美的所在。茶席来源于生活，而高于生活。茶席的设计不应该一成不变，它可以传统，也可以时尚，可以随着人们的创造而变得更加赏心悦目。

第四节　茶室挂画与经典茶乐

一、茶室挂画

茶室挂画，也称为挂轴，这是茶室布置中很重要的内容，茶室中一般只挂一幅。我国自古就有"坐卧高堂，而尽泉壑"之说，在茶室张挂字画的风格、内容是表现主人胸怀和素养的一种方式。茶室之美，在于简朴，在于素雅，张挂的字画宜少不宜多，应重点突出。如果茶室不是很大，一幅精心挑选的主题字画就足够了。

1. 茶室所挂的字画可分为两大类

一类是相对稳定、长久张挂的，这类书画的内容主要根据茶室的名称、风格及主人的兴趣爱好而定。比如有什么比较喜欢的字帖或者书法画家，这些都可以。

另一类是为了突出茶席主题而专门张挂的，可以根据茶席主题的需要而不断变换。这一类，在日本茶道当中最为常见。

茶室挂画主要用来表明主人的志趣，彰显茶室的风格或茶席的主题。当然，如果没有特别的寓意，也大可不必为了寓意而想破脑壳，可以挂上一副"吃茶去"等字画书法。

2. 字画位置的选择　主题书画的位置宜选在一进门时目光的第一个落点或主墙面，也可选在泡茶台的前上方，或主宾座席的正上方等明显之处。挂画时应注意采光，特别是绘画作品，在绘画时光源常来自左上方，在向阳的居室绘画作品宜张挂在与窗

莲舍茶馆茶室挂的字画

户成直角的墙壁上，通常能得到最佳的观赏效果。如果自然采光的效果不理想，应配置灯具补光。张挂字画是供人欣赏的，为了便于欣赏，画面中心以离地2米为宜。字体小或工笔画可适当低一些。若是画框，与背后墙面成15～30度角为宜。

3. 字画内容：简素美　茶室之美，美在简素，美在高雅，张挂的字画宜少不宜多，应突出重点。当茶室不是很大时，一幅精心挑选的主题字画，再配一两幅陪衬。字画要与茶室整体协调，色彩要与室内的装修和陈设相协调，画面的内容也要尽可能精炼简素。主题字画与陪衬点缀的字画，无论是内容还是装裱形式都要求能相得益彰。

王兴隆先生山水画

二、经典茶乐

很多朋友在品茶时，除了在意茶的品质，更希望有一个可以放下身心，重整烦乱心情的音乐环境。于是就有了听茶音乐这个概念。茶香在轻松悠扬的乐曲配搭下，听觉与味觉的双重感觉，心灵被音乐陶冶了，心情被茶汤滋润了。用自然和音乐表现茶各自有的风格与风貌，以茶显乐，以乐映茶，让参与者体验艺术生活化的茶道趣味。使品茗者能在闻茶香、品茶味、听茶乐中进入心旷神怡，矜持不燥，达到物我两忘，茶禅一味的心灵境界。

喝中国茶，最好是一边喝一边听中国古典音乐，如笛子、箫、古琴或古筝等。名曲有《高山流水》《梁祝·化蝶》《广陵散》《十面埋伏》等。如民间乐曲《鹧鸪飞》：本曲目通过笛子演奏的形式，把鹧鸪鸟在天空展翅翻飞的形象表现得活灵活现，加之各种打音、颤音、历音等演奏技巧以及强弱、细致的音乐对比，使曲调活泼、流畅，给人感觉鹧鸪鸟忽远忽近，忽高忽低，倏隐倏现，在天空中自由翱翔的情景。这首曲子能够体现出喝茶时心静意远的境界。竹乐曲《春江花月夜》：此曲犹如一幅长卷画面，把丰富多彩的情景结合在一起，通过动与静、远与近、情与景的结合，使整个乐曲富有层次，高潮突出，音乐所表达的诗情画意引人入胜。《梅花三弄》非常适合喝茶时平淡安详的意境：此曲系借物咏怀，借梅花的洁白、芬芳和耐寒等特征，来赞颂节操高尚的人。乐曲前半阕奏出了清幽、舒畅的泛音曲调，表现了梅花高洁、安详的静态；急促的后半阕，描写了梅花不屈的动态。喝茶时听此曲能感受到品茶的高雅与情趣，更能体现品茶者的志趣。

在优美动听的旋律中，寻找久违的好心情，一首首耳熟能详的好歌，在名茶与音乐的完美融合中，让旋律与清香肆意蔓延。听茶音乐，让你远离都市的喧哗，保持心灵的宁静，感受茶的清香、茶的文化。喝茶不是一种盲目的喜好，你懂茶，茶自然也会懂你。知茶，懂生活。

茶文化自古以来便有之，茶礼、茶道、茶艺更是中国文化的符号，茶室正是喝茶者以茶会友，品茗聊天的场所。在茶室只喝茶难免枯燥，用音乐配上优雅的茶室，清新的茶香，才算臻至完美。

附录

经典茶诗与自选茶诗

一、经典茶诗

中国是诗词的国度，中国也是茶的国度。两者相遇，造就了最美的茶诗词，既能爽口，更能安心。让我们放下纷纷扰扰的一切，静静地品一杯茶。

六　羡　歌
唐·陆羽

不羡黄金罍，不羡白玉杯。

不羡朝入省，不羡暮登台。

千羡万羡西江水，曾向竟陵城下来。

九日与陆处士羽饮茶
唐·皎然

九日山僧院，东篱菊也黄。

俗人多泛酒，谁解助茶香。

山泉煎茶有怀
唐·白居易

坐酌泠泠水，看煎瑟瑟尘。

无由持一碗，寄与爱茶人。

一字至七字诗·茶

唐·元稹

茶

香叶，嫩芽，

慕诗客，爱僧家。

碾雕白玉，罗织红纱。

铫煎黄蕊色，碗转曲尘花。

夜后邀陪明月，晨前命对朝霞。

洗尽古今人不倦，将至醉后岂堪夸。

走笔谢孟谏议寄新茶

唐·卢仝

一碗喉吻润，两碗破孤闷。

三碗搜枯肠，唯有文字五千卷。

四碗发轻汗，平生不平事，尽向毛孔散。

五碗肌骨清，六碗通仙灵。

七碗吃不得也，唯觉两腋习习清风生。

望江南·超然台作

宋·苏轼

春未老，风细柳斜斜。

试上超然台上看，半壕春水一城花。

烟雨暗千家。

寒食后，酒醒却咨嗟。

休对故人思故国，且将新火试新茶。

诗酒趁年华。

寒　夜

宋·杜耒

寒夜客来茶当酒，竹炉汤沸火初红。

寻常一样窗前月，才有梅花便不同。

满庭芳·茶

宋·黄庭坚

北苑春风，方圭圆璧，万里名动京关。

碎身粉骨，功合上凌烟。

尊俎风流战胜，降春睡、开拓愁边。

纤纤捧，研膏浅乳，金缕鹧鸪斑。

相如，虽病渴，一觞一咏，宾有群贤。

为扶起灯前，醉玉颓山。

搜搅胸中万卷，还倾动、三峡词源。

归来晚，文君未寐，相对小窗前。

临安春雨初霁

宋·陆游

世味年来薄似纱，谁令骑马客京华。

小楼一夜听春雨，深巷明朝卖杏花。

矮纸斜行闲作草，晴窗细乳戏分茶。

素衣莫起风尘叹，犹及清明可到家。

鹧鸪天·寒日萧萧上琐窗

宋·李清照

寒日萧萧上琐窗，梧桐应恨夜来霜。

酒阑更喜团茶苦，梦断偏宜瑞脑香。

秋已尽，日犹长，仲宣怀远更凄凉。

不如随分尊前醉，莫负东篱菊蕊黄。

定风波·暮春漫兴

宋·辛弃疾

少日春怀似酒浓，插花走马醉千钟。

老去逢春如病酒，唯有，茶瓯香篆小帘栊。

卷尽残花风未定，休恨，花开元自要春风。

试问春归谁得见？飞燕，来时相遇夕阳中。

浣 溪 沙

清·纳兰性德

谁念西风独自凉，

萧萧黄叶闭疏窗，

沉思往事立残阳。

被酒莫惊春睡重，

赌书消得泼茶香，

当时只道是寻常。

二、自选茶诗

南歌子——忆2012年江南寻春问茶

雨催南溪涨，游舟一路长。

粉墙黛瓦到西塘，阁外梅花自落、醉春阳。

花飞震池乱，孤岛草木香。

碧螺独旧恋阿祥，孤负南国归梦、贪春光。

临 江 仙

雪催晴阳光中啜，

往昔多少夜侯，乡路寄来茯砖茶。

契兰道中客，华度秋入家。

惟有黄菊不负秋，香茗借渡心崖。

今宵寒较昨夜斜。

情知霜来后，何处是梅花。

忆 王 孙

清真巷首亦我家，已拆百园换新茬。

闹市潮生催主麻，绪千华，芙蓉檐下熬茯茶。

渔 家 傲

等来清雨风景变，春花消尽百世转。

凉露杨柳催人剪。

华年遣、闲等听雨朱颜染。

落尽红杏春芳占，冷浸一天春画远。

青霭霁景瑟点点。

茯花漫、暖杯香茗等春眠。

望江南——七夕茶思

草木蝶，茶林一双双。

碧螺泥化西庭山，阿祥空落眼前霜。

雨渡水茫茫。

凤求凰，文井水悠悠。

相如一曲家国茗，文君相随青万楼。

生是为茶惘。

南乡子——入冬月茗

细夜黑茶暖，文墨带月月雅寒。

冬锁蕙兰香自泛，漫漫，化散夜侯千事断。

月闺影中恋，落下霜花花满坛。

心惜清园良宵满，灿灿，耐等春花梦自刊。

渔 家 傲

夜托月影到天雾，天河缓来银川舞。

好似心魂上意绪。

听故语，试倩拥风西宁顾。

我敬路长嗟瑞露，佳茗通灵群芳妒。

千年里鸿渐芳孤。

情休住，嘉木香如蒙山故。

鹊仙桥——忆西湖梅花下品茗

西湖新浅，梅花初绽，正是春光自泛。

欲把西湖比西子，一枝疏梅傲孤山。

搭舟水畔，凌波粉影，饮尽一身茶闲。

从来佳茗似佳人，千倾暗香争江南。

十二时——冬至贵德咏水

连水红夕，连山雪月，连天云草。

玉皇凛天风，惜见茶马道。

酥落梅生又一朝。

问天河、谁怕春老。

华颜留愁处，冬至随缘消。

相 思 令

南佛庵。北道观。

两对崖山相对看。山月依相伴。

水仙仙。肉岩岩。

岩骨展尽花香漫。水茶醉红颜。

虞 美 人

霜菊浓枝百花去，陪尽秋风雨。

一窗青山疏帘黄，谁见青云升落、惜流光。

墨香飞溢琨丘庭，感与凤君饮。

滇槚入湍浸琅玕，几道茗酣淋漓、惜流年。

参考文献

陈椽，2008. 茶叶通史（第二版）. 北京：中国农业出版社.

陈慈玉，2013. 近代中国茶叶之发展. 北京：中国人民大学出版社.

陈进，等，2003. 中国茶叶起源的探讨. 云南植物研究.

陈文华，2006. 中国茶文化学. 北京：中国农业出版社.

陈宗懋，杨亚军，2011. 中国茶经. 上海：上海文化出版社.

程启坤，2008. 西湖龙井茶. 上海：上海文化出版社.

邓时海，2004. 普洱茶. 昆明：云南科学技术出版社.

丁以寿，2008. 中国茶艺. 合肥：安徽教育出版社.

董尚胜，王建荣，2002. 中国茶史. 杭州：浙江大学出版社.

段丽，2013. 中国传统茶文化与现代茶室空间设计研究. 成都：四川师范大学.

葛剑雄，2018. 对待传统文化，要分清"传"和"承". 意林文汇（22）.

关剑平，2001. 茶与中国文化. 北京：人民出版社.

李斌城，韩金科，2012. 唐代茶史. 西安：陕西师范大学出版社.

林楚生，2020. 潮汕工夫茶源流考. 广州：华南理工大学出版社.

刘巧灵，牛丽，朱海燕，2020. 水质对茶汤品质影响研究综述. 茶叶通讯（4）.

刘勤晋，2000. 茶文化学. 北京：中国农业出版社.

陆羽，2020. 茶经. 北京：中华书局.

勉卫忠，2020. 茯茶的收藏价值. 安化黑茶（6）.

钱时霖，等，2014. 历代茶诗集成. 上海文化出版社.

裘纪平，2014. 中国茶画. 杭州：浙江摄影出版社.

萨拉·罗斯，2015. 茶叶大盗. 孟驰，译. 北京：社会科学文献出版社.

沈冬梅，等，2016. 中华茶史. 辽宋金元卷. 西安：陕西师范大学出版总社.

王旭烽，2013. 品饮中国. 北京：中国农业出版社.

王旭烽，2019. 中华茶器具通鉴. 北京：光明日报出版社.

王泽农，1988. 中国农业百科全书. 茶业卷. 北京：农业出版社.

王镇恒，王广智，2000. 中国名茶志. 北京：中国农业出版社.

威廉·乌克斯，1949. 茶叶全书. 中国茶叶研究社，译. 上海：开明书店.

吴觉农，2005. 茶经述评. 北京：中国农业出版社.

姚国坤，2004. 茶文化概论. 杭州：浙江摄影出版社.

姚国坤，2004. 中国茶文化遗迹. 上海：上海文化出版社.

姚国坤，2019. 中国茶文化学. 北京：中国农业出版社.

姚国坤，等，1991. 中国茶文化. 上海：上海文化出版社.

叶乃兴，等，2010. 白茶：科技·技术与市场. 北京：中国农业出版社.

尹祎，刘仲华，2021. 茶叶标准与法规. 北京：中国轻工业出版社.

张琳洁，2021. 茗鉴清谈——茶叶评审与品鉴. 杭州：浙江大学出版社.

郑少烘，2020. 易武. 昆明：云南人民出版社.

中国茶叶学会，1987. 吴觉农选集. 上海：上海科学技术出版社.

周新华，等，2017. 茶席设计. 杭州：浙江大学出版社.

朱自振，1988. 茶史初探. 北京：农业出版社.

竺济法，2014. "海上茶路·甬为茶港" 研究文集. 北京：中国农业出版社.

庄晚芳，1988. 中国茶史散论. 北京：科学出版社.

后　记

　　我与茶的结缘可谓老早老早，这与我从小的"雅居"生活有关，从孩提时代起我便几乎天天都在喝祖父母熬的"熬茶"，偶尔也会享受大人的待遇——品茗盖碗茶。孩提时代的茶那么深切、那么具体地叠印在我记忆深处，只要喝到浓汁滚烫的"熬茶"，那一副副记忆犹新的动人画面就会在我的大脑里生动地显现着，交替着浮动，挥也挥不去，切近可意，我明白那一切一切的回放，早已变成我生命与灵魂的一部分。

　　但那时并不懂得茶罐里有乾坤，只是做着与父辈一样完成最基本的生活之所需，根本不晓得也无从晓得那色泽黄褐，香气纯正，浓醇带涩，茶中闪烁金黄色雪花的紧压砖茶里深藏着博广的茶文化。

　　1997年到京求学，在研习中国历史文化难以破执之时，在马连道茶城勤工俭学起，慢慢开始学习茶文化，力求研知，一往情深，日日渐涨，每遇好茶好文总是爱不释手，每至茗茶兴头，结合自己研究方向，也会查找资料写诸如《茶影响下的回族茶文化》《茶的西传及对伊斯兰文化的影响》《生命周期视阈下中国传统文化传承与构建——基于茶文化的思考》等论文，研究传播茶文化可谓满足了一个好茶人的真正精神之所需吧。

　　在青海师范大学工作的10年里，坚持开设茶文化课和开展茶文化研究工作，在青海茶人支持下筹建茶文化促进会，发动茶人进学校、进社区、进乡村传播茶文化，发动甘宁青不产茶地区的茶友立志于中国茶文化的传播与促进。除此，还积极参加全国茶文化学术会议，深入茶区调研讨教，与产茶区的茶人结了茶缘，为茶学积累了更多实践经验。在此期间向周国富、姚国坤、程启坤、孙忠焕、陈文华、王旭烽、余悦、屠幼英、刘仲华、王岳飞、丁以寿、施由民、沈冬梅、林治、竺济法、戴学林等众多的茶文化名家讨教，得到了茶文化学界前辈的指导与支持。

2018年夏天，条件具备后和大家一起建立了青海省茶行业协会。此后，我也开始了本书的撰写，在实践资料收集中，得到了林楚生、梁骏德、魏月德、李兴国、梁婷玉、项宗周、刘蒙裕、马哲峰、丁利民、马国栋、马全虎、马玉萍、马宏晟、唐仲山、周重林、马存莲、刘香山、黄雪华、高原、高红梅、陈泓汝、朱晓峰、马敏军、陈晓雷、江志东、师芳、安宇、郭雯等茶人帮助，他们毫无保留地把自己学来的茶文化知识与最好的茶与我分享。

2019年5月至今离开西宁，成为北方民族大学特聘教授，依旧开设中国茶文化课程，继续传承中华优秀传统文化鲜活名片——茶文化。2020年我加快了本书撰写工作，限于我茶文化教学、研究、传播在西北地域，我把重点放在了甘宁青不产茶但茶文化较为浓厚的茶馆、茶城、茶人家庭、学校等，在自己喝茶的田野实践过程中不断思考，逐步调整章节。中国的茶事整理研究是一个涉及面很广的课题，因笔者学识有限，本书距理想追求尚多有差距，疏漏和不妥之处，敬请专家和读者批评指教，只有在今后的研究和写作中加以弥补了。

如此，几十年的茶文化研究、教学、传播、实践的情结集于这本《中国茶事通论》了，非常感谢姚国坤教授为本书作序，马思远书法家题名，姚佳编审的辛苦工作，本书得到"北方民族大学中央高校基本科研业务费专项资金"资助。希望国人通过对这本书的阅读，能够了解全面的茶知识，领略悠久的茶文化，历练精湛的泡茶技艺，让茶事生活覆盖全民，普及推广全民的茶事生活，提高国民审美情趣，促进社会素质教育，茶让我们的生活更美好。

2022.3.14 银川草木堂